U0948025

Who is the next billionaire

谁是下一个亿万富翁

张一川◎著

中国财富出版社

图书在版编目（CIP）数据

谁是下一个亿万富翁／张一川著．—北京：中国财富出版社，2014．4

ISBN 978－7－5047－5136－2

Ⅰ．①谁…　Ⅱ．①张…　Ⅲ．①成功心理—通俗读物　Ⅳ．①B848．4－49

中国版本图书馆 CIP 数据核字（2014）第 042103 号

策划编辑　刘淑娟　　**责任印制**　方朋远

责任编辑　刘淑娟　　**责任校对**　梁　凡

出版发行　中国财富出版社

社　　址　北京市丰台区南四环西路 188 号 5 区 20 楼　　**邮政编码**　100070

电　　话　010－52227568（发行部）　　010－52227588 转 307（总编室）

010－68589540（读者服务部）　　010－52227588 转 305（质检部）

网　　址　http：//www．cfpress．com．cn

经　　销　新华书店

印　　刷　北京京都六环印刷厂

书　　号　ISBN 978－7－5047－5136－2/B·0386

开　　本　710mm×1000mm　1/16　　**版　　次**　2014 年 4 月第 1 版

印　　张　12　　**印　　次**　2014 年 4 月第 1 次印刷

字　　数　155 千字　　**定　　价**　35．00 元

自　序

每个人都能成为富翁

在每个人的心中都有这样一个理想，想象着自己成为一个什么样的人？想做什么样的事情？想达到什么样的水平？甚至想成为亿万富翁……这种理想是一个人世界观、人生观的具体体现。因为只有拥有了理想和抱负，才会有具体的奋斗目标，才能发掘自己的潜能，进而努力去实现这个目标。

“如何才能成为亿万富翁？亿万富翁的成功秘诀是什么？”每个人都有各自的理解，可是我认为成为亿万富翁最重要的秘诀就是自身的心态以及思考方式。在心态、工作、智慧等方面，亿万富翁的思考方式都有着一定的相似之处。比尔·盖茨、沃伦·巴菲特、唐纳德·特朗普……这些人之所以能成为亿万富翁，就是因为他们的心态与思考方式和你不一样！若你想从一个“穷忙族”变成亿万富翁，就要不断地“窃取”亿万富翁们的想法和思路。

我出生在中国贵州思南的一个小山村，家里有四姐弟，我排行老四。从我记事起，家里就接二连三地发生了很多事情：大姐11岁时，意外食物中毒，无钱医治去世；三姐13岁时，辍学外出打工；我15岁那年，父亲南下打工，因车祸劫命……家里的生活举步维艰。

上大学的时候，我每月只有几十元生活费，只能依靠勤工俭学养活自己。每个周末，当其他同学去游玩的时候，我就到各个寝室推销日常用品。一次偶然的机会，我加入了学校的成功协会，由此我的命运发生了改变。

在成功协会，我阅读了很多书，比如《易经》《道德经》《孙子兵法》《思考致富》《世界上最伟大的推销员》《穷爸爸富爸爸》等。这些书让我明白了，一个人的成功与家庭背景没有多大关系，与自身的高矮胖瘦没有多大关系，与学历也没有多大关系。

从那以后，我便喜欢上了这些成功者写的书，甚至不惜借钱参加成功者研讨会，想方设法跟成功人士交朋友。通过和这些人的接触，我发现了成就亿万富翁的六大秘密：大量运用改变行为的科学、了解人性的需求、知道如何销售自己的产品、经常发表公众演说、具有卓越的领导力、把宇宙吸引力法则用到极致。从那以后，我便开始实践和运用这些方法。

2010 年大学毕业时，同学们都领到了学位证书和毕业证书，而我什么证书也没有得到，唯一的收获就是给自己设下了两个承诺：“两年后不再为金钱工作、实现财富自由、彻底改变家族的命运，两年后再来领取毕业证书做纪念。”两年之后，我运用大学四年所学到的国学经典智慧、亿万富翁的六大秘密，兑现了这两个承诺。

战胜了命运的捉弄之后，我便开始探究“谁是下一个亿万富翁”的问题，通过分析大量的案例，结合自己的学习和研究，总结了富翁与一般人的不同之处，并跟身边的朋友、企业、高校分享，很多人都受益匪浅，生命品质获得极大提高：有的人改变了拖延、抽烟、酗酒的坏习惯，相处不和谐的夫妻又过上了温馨浪漫的幸福生活，害怕销售的员工疯狂喜欢上了销售，害怕演说的人也敢进行公众演说了……

当有人愿意付费要我成为他的教练时，我决定把《谁是下一个亿万富翁》整理成书，让更多的人通过书中所讲述的各种秘诀快速实现自我成长。不管你是打工族，还是自己经营公司；无论你是公务员，还是自由职业……只要熟读了《谁是下一个亿万富翁》，就可以让自己的事业、家庭、亲子教育、个人能力等方面得到提升，彻底改变你的生活品质。

这是一本教你如何彻底改变自己命运的书，书中告诉读者：亿万富翁想的和你不一样！俗话说得好："思路决定出路！"一旦你开始真正像一位亿万富翁那样思考和行动，你必然会享受到亿万富翁的生活。

你今天所处的位置，完全是你昨天思考的结果；你明天所能达到的位置，也正是你今天思考的总和。如果你能够像世界上5%的富人那样思考，一段时间之后，你就会成为那5%；如果你一直像95%的穷人那样思考，就只能是庸庸碌碌，继续过着平庸的生活。但如果你能开始像亿万富翁那样思考，你的生活从此就会发生翻天覆地的变化！

本书是一本催人奋进的好书！你可以将其放在床头，每天反复研读，不仅要从书中学习致富的知识，更要有效地将知识转化为行动。

本书能够帮助你换一颗亿万富翁的脑袋，让你拥有富裕而自由的人生。只要你敢想敢做，一定能成长为无人能敌的"巨鲸"！

本书能在较短的时间内出版得到了许多人的帮助与支持，在此真诚感谢秦富洋、方光华、陈德云、刘星、曾庆学、李志起、杨勇、李高朋、孙汗青、陈春东、王京刚、陈宁华、王军生、辛海、蒋志操、王咏、赵国星等人在制图、文字修改以及图书推广宣传方面的协助。

作 者

2014 年 3 月

目录

秘密一

行为改变的公式

1. 明确结果

明确就是力量

今天，绝大多数的年轻人不了解自己能够做什么，也不知道自己真正想做什么。开始的时候野心勃勃，充满了美好的梦想，但是多年以后却一事无成。要知道，如果没有一个明确的结果，即使付出了巨大的努力也收效甚微。

很久很久以前，在同一座山上，有两块相同的石头：石头甲和石头乙。三年之后，两块石头发生了完全不同的变化：石头甲受到很多人的敬仰和膜拜，石头乙却受到别人的唾骂。

石头乙感到心里很不平衡，便问石头甲："老兄，三年前我们都是同一座山上的石头，可是今天却有如此大的差距，我感到心里很不舒服。"

石头甲回答说："老兄，你还记得吗？在三年前的一天，我们这里来了一个雕刻家，你害怕疼痛，就让人家把你简单雕刻了一下。那时候，我明确了自己未来的样子，于是不怕疼痛，让他雕刻成了理想的样子。这不就有了今天的结果！"

两块石头之所以会出现如此的差别，就在于石头甲明确了自己想要的结果，最终让自己变成了“佛像”石头。这个故事告诉我们，要想获得成就，首先要明确自己最想要的是什么。如果总是对自己说：以后我一定不能比自己身边的朋友过得差，以后我一定要做一个成功人士……却没有确定自己到底想要什么，是很难取得成绩的。

明确就是力量！一旦确定了自己最想要的，就要立刻把它明确下来。它会根植在你的思想意识里，深深地烙印在你的脑海中，让潜意识帮助你实现想要的一切。

问问自己到底想拥有什么？如果你的回答是：“我什么都想要，你能给我吗？”我会告诉你，你想要的都能得到：理想的工作、良好的人际关系、心灵与美感的提升、足够多的金钱……所有的这些并不是遥不可及的，但是，你必须先要明确结果，明确自己想要什么！

明确结果就是明确目标

不管做什么事情，都要有明确的目标。目标越明确，成功的概率就越高；目标越明确，成功的动力也就越强。世界上没有不能改变的人，只有不够吸引他人的目标。如果你为自己确立的目标明确而坚定，必然会有足够的勇气和能力跨越前进道路上所有的困难和阻碍。

20 世纪 80 年代，美国哈佛的两位心理学家对一些自称幸福的人做过一项关于“幸福”的研究。结果显示，幸福之人的相同之处，既不是财富，也不是爱情，更不是健康，而是明确知道自己的生活目标、自己正在稳步向目标前进。

不管你的理想是幸福，还是成功，在人生的道路上首先都要有一个明确的目标；这样，即使走得很远、付出很多，也是值得的；如果丧失了目标，就会像一只没有方向的船只，只能随波逐流，永远都无法到达目的地。

流传3300多年的羊皮卷《塔木德》上说："一位百发百中的神箭手，如果漫无目标地乱射，也不能射中一只野兔。"由此可见，明确目标是非常重要的！

卡内基曾经对世界上一万个不同种族、年龄和性别的人进行过一次关于人生目标的调查。他发现，只有3%的人能够确定目标，并知道怎样把目标落实；97%的人，要么根本没有目标，要么目标不明确，要么不知道怎样去实现目标……

十年之后，卡内基又对上述对象进行了一次调查，却得出了令人吃惊的结果：调查样本总量的5%找不到了，95%的人还在；属于原来97%范围内的人，除了年龄增长10岁以外，在生活、工作、个人成就上几乎没有太大的起色，依然是那么普通和平庸；过去与众不同的3%，却在各自的领域里取得了成功。十年前提出的目标，都不同程度地得以实现，并正在按原定的人生目标走下去……这个实验向我们揭示了，为什么成功者都是少数人！

在成功道路上，存在着很多困难，阻碍我们成功的原因有很多，唯有树立坚持的信念，才能一一化解所有的困难。一旦确立了目标，我们能做的便是坚持；同时，还要适时地改变自己，无论是态度，还是习惯，都会让你的人生发生微妙的变化。

把目标刻在钢板上，计划写在沙滩上

明确了自己想要的结果，就将它写下来，即使是写在一张不起眼的纸上，也可以鞭策自己毕生努力。目标是一种无声的希冀，一旦被付诸行动，就会变得神圣。

马修·史维曾经是一个贫穷的加油站工人。有一天，他很饿，想买一块面包，可是身上连一分钱都没有了。他翻遍了每一件衣服口袋，又取出扫把在床下扫了又扫，依然没有找到一分钱。他非常愤怒，大声地说："我受够了！"

马修·史维再也不想过这样的生活了，他决定要做个千万富翁，于是就写下了自己的梦想：

早上起床后穿上运动服，到我的私人湖边跑步5圈，每圈1英里，跑步回来后，去洗澡……洗完澡后我穿戴整齐，女佣已经将西装为我准备好了。衣服穿好后，我揽镜自照，然后告诉自己："你真神！"因为我相信只要想得到就能做得到。

我从卧室走下来，走到后院吃早餐。早餐是松饼和新鲜果汁，这样的食物让我活力足、精神好。然后，我坐上轿车前往自己的办公大楼。坐在专属司机驾驶的轿车内，助手已经把行程都安排好了。我透过电视收看股市行情，并透过数据机、手机，和办公室联络。

到了办公大楼，这是12层高的黑色大楼，顶端写着斗大的字——"史维"，那就是我。下了车，走到门口，服务生替我开门，并且说："早安，史维先生。"

我坐上电梯直达顶楼办公室。我走到接待小姐的身旁，她对我说："早安，史维先生，我很荣幸和你共事，国防部的人在会议室等你。"我到了会议室，和国防部签订了百万合同。我负责将全球各美军基地转换为成功中心，教导国防部如何避免战争创造世界和平与繁荣。

开完会后，我到自己的办公室打电话……这时候，助手提醒我："第一场演讲会时间快到了。"于是，我们坐上轿车直奔会场。我面对上千的观众演讲，结束后所有的观众都起立鼓掌。

我们坐上轿车回办公室，我一边通知秘书准备午餐，一边打电话给我的爱人，叫她和我碰面。我到屋顶时，她和直升机都在楼顶等我。我们飞到山上，驾驶员拿出毯子，还有新鲜的鱼和水果。

餐毕，我们飞回办公室，我和爱人吻别。之后，我又赶往另一场演讲会地点，同样是千人观众，同样是起立，热烈地鼓掌。结束后，我便搭轿车回家。回家后，我到私人健身房运动，然后在阳台上边看夕阳边吃晚餐。

……

今天，马修·史维已经成了人类潜意识调整领域的最高权威，被誉为"有史以来最伟大的催眠大师"，他也是公认的人际沟通大师。他的故事再一次启示我们：目标的实现需要孵化期，如果不把它写下来，你就永远不会把它根植在心里，也就没办法将其实现。

没有目标的人生如同没有航向的船，要勇敢写下自己想要的结果，不管它是多么离谱，不管它是多么遥不可及。当你写下它的时候，就会被自己的目标所感动，并由此找到实现目标的雄心壮志！

年少轻狂，每个人都有过很多目标，一路走来很多人都会将其遗失，一定要将它们写下来。写在心里就不会再忘记，时常去看看它，我们就又会对生活充满热情和信心！

当你渴望达到什么目标时，请写下它，列成一张充满生命张力的清单，引爆一生的信念和激情，一切就会皆有可能！

2. 找出支点

逃离痛苦的力量大于追求快乐的力量

在我们身边，很多人都无法自我突破，行动力不强，为什么会这样呢？因为他们不了解行动力的来源。事实上，每个人的行动都可以归纳为两点：第一，追求快乐；第二，逃离痛苦。

张兵今年32岁，独立经营着一家饭店。靠着不懈的打拼，他已经跻身千万富豪的行列。可是，张兵有一个烦恼，就是自己太胖了。自己本来只有1.65米，体重却高达200斤。在朋友的启发下，张兵决定减肥。

这天，张兵来到了当地一家有名的健身俱乐部。了解到他的需求之后，健身俱乐部建议他通过跑步减肥，并且还给他安排了一个年轻貌美的女教练陪练。这天，女教练和张兵开玩笑说："我在前面跑，你在后面追。你追到我，我就吻你一下。"

张兵非常高兴，马上开始追美女教练。可是，女教练始终和张兵保持着一段距离，结果一个月过去了依然没有追上美女教练。可喜的是，张兵竟然减掉了20斤的赘肉。

张兵每次来到这里之后都等待美女教练，心想：我一定会追上你。可是有一天，正在张兵等待美女教练的时候，俱乐部给他重新安排了一位又胖又丑的"东施"。

负责人告诉他说："你在前面跑，她在后面追。如果她追到你，她就会主动亲你一下。"张兵听后撒腿就跑，那位"东施"就在后面紧紧地追。张兵快，她也快，张兵慢，她也慢。

一个月之后，张兵减肥宣告成功。

在上述故事中，如果说张兵追美女教练的故事属于追求快乐减肥法，那么后面的则可以称为远离痛苦减肥法。不管做任何事情，只要运用追求快乐、逃离痛苦的力量来影响自己，行动力一定会倍增。

可是，大量的事实告诉我们：远离痛苦的力量要大于追求快乐的力量！

一天，猎人带着自己心爱的猎狗出去打猎。到树林之后，便发现了一只兔子。猎人急忙端起猎枪，可是兔子左躲右闪，结果只打伤了兔子的一条腿。

兔子拼命地逃跑，猎狗在后面追。可是，兔子跑得实在是太快了，猎狗根本追不到，只好回来了。猎人看猎狗没有追到兔子，非常生气，问它："兔子都受伤了，你还没有追到，真笨！"猎狗回答说："我已经尽力了呀！可是，兔子跑得实在是太快了。"

兔子跑回洞里，和其他兔子说起来刚才惊险的一幕。兔子们都感到非常惊讶，说："你都受伤了，怎么还能逃回来？"兔子说："猎狗是为了一顿午餐在奔跑，而我是为了生命在奔跑。为了活命，我是全力以赴。"

相关研究表明：人性当中有两大兴奋点，即痛苦和快乐。我们一生中所做的事情都是建立在这两个兴奋点之上，要么是为了追求快乐，要么是为了逃避痛苦。但逃避痛苦的力量要远远大于追求快乐的力量！

这是为什么呢？因为任何一个人都想追求快乐，可快乐与痛苦却是对立存在的；失去了痛苦，也就无所谓快乐了。与其说人一辈子都是为了追求快乐而奋斗着，倒不如说都是活在害怕和恐慌中，都在不断地与痛苦斗争着。

我们在做事情的时候，如果能够提前从最坏的地方开始想，会发现这个行动是值得的。你之所以还没有采取行动，就是因为痛苦不够。有很多企业家破产之后会立刻卷土重来，而且后来变成百万富翁，主要就在于他们知道破产很痛苦，这不是他们想要的。他们不想一辈子都在原地踏步，不愿意永远没有安全感。

痛苦是最伟大的导师

A、B来自同一所体校，都是长跑运动员，A较B的成绩更优秀。可是，几年之后，他们的角色却发生了变化，成绩优秀的A当了人民警察，B则成了小偷。

有一天，B在偷东西的时候被警察A发现。结果，小偷B却胜利逃脱！为什么呢？在这一博弈的过程中，他们都尽力了，可警察是为了完成任务而努力，而小偷是为了活命不得不使出浑身解数。对小偷来说，如果一停下来将意味着最痛苦的结局等待他，所以他只能胜利。

这就是痛苦的力量！

安东尼·罗宾斯是一个贫穷潦倒的小伙子，17岁那年安东尼·罗宾斯从家里“滚”了出来，高中还未毕业。

期间安东尼·罗宾斯摆过地摊，当过餐厅服务员，跑过推销……那时候，他全部的家当就是一辆价值900美元的二手旧车——“甲壳虫”。晚上，他只能睡在“甲壳虫”里面，后来由于交不起“昂贵”的停车费，只好跑到“7－11连锁店”的门口睡觉，因为这家商店门口是24小时免费停车。

安东尼·罗宾斯不想这样浑浑噩噩过日子。终于有一天，一个朋友跑来告诉他：“吉米·罗恩，一个潜能大师的课程非常有效，可以帮助你脱离困境。”面对高昂的费用，安东尼·罗宾斯有点泄气，因为当时收费要1200美元，而他只有900美元！

可是，安东尼·罗宾斯太想改变自己的命运了，于是决定去借钱。他跑遍了所有的亲戚朋友，同时还向44家银行提出了贷款，结果没有一个人愿意借给他，没有一家银行相信他能有偿还能力。

最后，经理看到安东尼·罗宾斯决心要改变，就个人掏腰包借给他1200美元，就这样安东尼·罗宾斯踏上了一条自我成长的道路，逐渐成长为世界潜能激励大师、世界第一成功导师、世界第一潜能开发大师。

痛苦可以使人前进，痛苦可以使人学会很多东西。人类的一切，差不多都是为了痛苦而建造的。曾经有人说：“痛苦是智慧的土壤，幸福是愚昧的温床。”为了生存，必须去探讨生存的途径和方法，即所谓：“穷则思变，困则思进，危则思安。”相反，那些长期待在“安乐窝”里的人，松懈惰怠，意志消沉，最终则会一无所知、一无所能。

痛苦并不可怕，这种痛苦体验会培养人的意志品质，给予人毅力和勇气。只有在体验到痛苦之后变得积极，才能获得成功。我们之所以痛苦，是因为我们还没有发现——痛苦也是一笔财富。当你为某件事情感到痛苦的时候，不妨问问自己：

（1）从这件痛苦的事件中，我学到了什么？

（2）这些学到的东西，在我过去的人生历程里，给我带来了哪些帮助（好处）？

（3）这些学到的东西，在今后的人生道路上，会如何帮助我获得不断成长和提升？

（4）如果那件痛苦的事件没有发生，过去的这段人生会怎样？将来的人生又会怎么样？

（5）我此刻的感受是什么？

（6）此刻我是如何看待那件痛苦的事情的？

3. 打断惯性

打断惯性，铸就成功

“王侯将相，宁有种乎！”上天并没有安排你我的命运。上天不是一个魔鬼，把绝情的荆棘遍布，再把世间的人群驱赶，然后独自欣赏那流血的痛苦。“人命在我，不在天”，一切的成功，都来自自己的奋斗。

成功不是一句空话，它需要奋斗。机会运气、成功财富不会自己降临到你的头上，所以你不能坐等幸运的降临，否则只会使你的生命时间随同安静的日子白白溜走，等待苍白的记忆使你的眼神变得呆滞，让空虚提醒你曾经的无知与可笑。

成功需要追求！成功是只为优秀的人准备的礼物，是上天对杰出人才的奖赏。这些天之骄子，正在用自己的行动证明什么是伟大。

要想成就事业，必须要习惯优秀！你是一个完美无瑕的人吗？你有十分优秀的习惯吗？如果没有，请你把娇贵的身份放下，认真聆听：如果你想要成功，那么请先改掉你的坏习惯。

怎么改？打断惯性！！

用巴掌打断惯性

也许你已经注意到了坏习惯就像巫婆的诅咒，你无法逃出她的黑暗的笼罩。坏习惯就像你的影子，除非你在黑暗中越陷越深，否则无法将它躲掉。

你无法躲掉习惯，但你能够躲掉你的坏习惯！做人就得对自己狠一点。

你有什么坏习惯？抽烟？酗酒？

你是身家过亿的土豪吗？你的钱是从路边捡的吗？你的钱不能用在更加有意义的事情上吗？你看不见平民百姓辛苦操劳的身影吗？你不知道你对你的妻子儿女有责任吗？你不知道你还需要一个清醒的大脑吗？对着镜子，狠狠给自己一巴掌。让自己记住，这个世界上，什么是好的，什么是坏的！

你有什么坏习惯？懒惰？不思进取？

你是功成名就的企业家吗？你的衣食住行还需要靠别人接济吗？你不知道一切财富都是人创造出来的吗？你觉得只有你才能享受，别人只有劳作吗？你难道要光阴白白流走，你难道要辜负上天赋予你的才智吗？对着镜子，狠狠给自己一巴掌。让自己记住，这个世界上，什么是好的，什么是坏的！

你有什么坏习惯？粗心？不认真？

你有一点点的责任心吗？你不知道你的成果别人会应用吗？你不知道美国的航天飞机，因为一个数据的小数点错误而坠毁吗？你不知道一些中药药剂稍大一点就会置人于死地吗？你难道不知道美国的导弹一不小心，差点引发世界的核大战吗？对着镜子，狠狠给自己一巴掌。让自己记住，这个世界上，什么是好的，什么是坏的！

在自己又一次不自觉想要重复那个沉溺于自己思想深处的习惯的时候，当你突然发现了的时候，狠狠给自己一巴掌，让自己明白，自己也是一个积极上进、言而有信的人；也是上天赋予了才智，给予了理想的人；也是追求高尚，塑造伟大的人。而不是只会放纵欲望，沉溺于物质的动物；不是只会条件反射，不会思想的傻子！

打断自己的习惯，扰乱这种习惯的次序性，便会减轻坏习惯的重复性，渐渐地在心理生理上淡化这种潜意识中的欲望，慢慢地你就会遗忘这种阻碍你成功的弊病，不知不觉中就会收获颇丰。

不管你有什么坏习惯，只要敢对自己狠一点，果断地打乱自己的坏习惯的节奏，那么这个只能靠自己不断重复自己才能够延续的迷咒，就会像云一样轻飘飘的东西，被风一吹就飘向远方。这个曾经禁锢你进步的枷锁，就会像缠在一位巨人手上的枯朽藤蔓，轻轻一振，便灰飞烟灭。

用情感打断惯性

打断惯性才能更正惯性，才能构造更好的惯性！不管自己拥有多大的力气，都无法将自己提起。一叶障目，不见泰山！只有走出曾经的习惯，才能够更好地构建新的习惯。改正坏习惯的最好的方法就是打断惯性。

也许你还在旧日的迷茫中反复，像一只迷途的羔羊不知所措，要改变这种现状，最好的办法就是，打断这种惯性。细细思考一下你每日的习惯，你就会发现它们具有多大的相似性。果断打断这种惯性，换一种新的思路，你就会发现，空气一下子不像往日那样沉闷，阳光也会变得非比寻常的光明。不要给予自己逃避的借口，要勇敢地走出来，不要流连。今日你所失去的还会在来日得到。

成功没有缘由，成功只需要奋斗！好的习惯才能帮助你取得更高的成就，然而人无完人，每个人的内心都有一个魔鬼。而这时，你应当毫不犹豫地将其剪断！

你有恋恋不舍情结吗？你有满心喜爱的异性吗？当你沉溺在自己颓废的恶习之中时，有没有想过，有一双眼睛，还在为你执着的守候；有一颗温柔的心还在为你等待；有一个人仍旧在为你驻足。想到这些你还有理由沉溺在你的坏习惯之中吗？当你想起了这个神一般的人，你还有脸如此软弱无力吗？果断打断你那些不堪一击的思想。

你也可以暗暗许下一个誓言，比如说，我不要懒惰，要勤奋上进。事实上，人都不是计算机，一旦删除了某条指令就不会执行了。当偷懒的欲望又在你的内心深处汹涌澎湃的时候，你要大声喊出来：“×××，我爱你！”你要让你骤然的爆发震惊周围的众人，这样会把自己放在一个尴尬的位置，众人都会觉得你是神经病，你会骤然的神志清醒，神情紧张，你会羞得满脸通红，无处可藏。

你永远都不会忘记这丢人的经历。当然你也不会想要再去偷懒了。当以后再想偷懒的时候，你自然而然就会想起那次丢人的经历。你就会满脸通红，如芒刺在背，坐卧不宁。这种反面情绪能够影响到你的选择。

改掉习惯的本质是打断旧习惯的惯性，渐渐地，想要执行陈旧习惯的欲望就会变得不再如当初那般强烈，你就会觉得这样做是可有可无的，你就会遗忘自己曾经还有如此的嗜好。

用理智打断惯性

沉闷的钟声再次响起的时候，接近“无赖”的岁月究竟会偷走多少属于你我的青春华年，随着日子用那轻盈的猫步悄悄从你我身边走过，也许只有鬓边的白发让我们反省什么是时间。匆匆的说过一声再见后天各一边。

蹉跎了的岁月后是多么的可惜。当我们回首反思的时候也许为时已晚。背着苍白的昨日，去期待明天？泰戈尔曾说过：当你为错过了太阳而流泪时，你就又错过了灿烂的群星。让我们放下一切的忧伤，专注于明天的创造。

成功就在眼前，但是需要我们的奋斗！成功需要好的习惯，没有任何一种成功需要坏的习惯，坏的习惯与好的习惯就像田地中的庄稼和杂草，杂草的存在会影响庄稼的成长，所以要培养好习惯就必须根除坏习惯，然而改正坏习惯最好的方法就是——打断它的惯性。

一个习惯的维系，正是得力于每次不断的重复，每一次的重复都会加深这个习惯在脑海中的影响，会让人的认识变得自然，觉得如此做是理所当然的。天长日久这种认识会在我们心中根深蒂固，改变习惯就会变得十分困难，所以改变习惯一定要趁早。同时，习惯产生的原理就是连续的重复性，改变习惯最好的方法就是打断这种连续性。

作为一个人，天地间的灵物，都有资格开创出一番天地，人生来是平等的，你就是自己的领导者。每个人都会拥有成功，但是首先你要做一个勇敢坚强的人。你需要魄力，你需要果断，你需要有一种高尚的精神。证明给上天，你有如此的素质。那么，成功就会不期而至。因为成功是给予优秀素质的奖赏。

当一个旧的习惯又在心头蠢蠢欲动的时候，你就要想一想，你是一个堕落的人吗？你没有勇气做出这样一点小小的牺牲吗？难道就让一个小小的欲望嘲笑你肉体内软弱的灵魂吗？难道要丢失作为人的尊严吗？作为一个理性的人，你会阻止自己做出怎样的举动？

一旦打断习惯的惯性，这个坏习惯就会像一只没有食物喂养的狼，固然凶恶，但是筋疲力尽，无法作恶了。第一次惯性的打断，意味着第二次这头饿狼的来势更加凶猛，一定要拿出你作为一个能够取得成功的人士应具有的坚持，继续和它斗争。等两三次后，坏习惯这头恶狼就真的骨瘦如柴，不足为惧了，但是还要坚持。

不断地打断惯性，就会减少心理生理对这种习惯的依赖。时日一久，便会改正。

习惯的养成，是无数次不断坚持的结果，所以改变习惯最好的方法就是：打断惯性。无论是从单一方面打断惯性，或者是多方面配合打断惯性。一旦这样的持续性被打乱，就能很好地阻止坏习惯的形成，渐渐彻底根除。

4. 重新输入

读书使人心明眼亮

曾经看过这样一则禅宗故事：

小和尚问禅师："念经能够成佛吗？"

禅师回答说："不能！"

小和尚接着问："那么，我怎样才能成佛呢？"

禅师回答说："念经呀。"

小和尚十分不解："大师，你不是说念经不能成佛吗？为什么又要我念经呢？"

禅师说："如果你一生只知道念经，你永远也无法成佛。然而，念经是成佛的必由之路。你只有反复不断地念经，反复不断地钻研经学，反复不断地悟经求道，明了佛经的真谛，发现了佛经的奥秘与美妙，才能得道成佛。"

读书与成功何尝不是如此呢？

读书不一定能够成功！社会上有些人只会死读书，读死书，因此不可能成功。孔乙己读了很多书，知道"茴"字有四种写法，但也只能是"君子固穷"，只能以"窃书不为偷"一类的自嘲为自己开脱。王明能够将马列原著倒背如流，自己也非常得意，自封为百分之百的布尔什维克，但一接触到革命实际，却四处碰壁……这说明，读书不一定能够成功！但是，要想取得成功，必须认真读书。

要想在竞争中脱颖而出，就要不断吸收新想法、新资讯；做不到这一点，就会被淘汰。然而，仅仅读些报纸、杂志是远远不够的。报纸、杂志虽然报道迅速、信息常换常新，但资料却是片段性的；网络上的资讯虽然绝大多数都是免费的，但可信度不高！

在网络上，任何一个人都能轻易发送信息，而出版社发行的书，却不是所有人的书稿都能出版的。内容是否能卖、作者是否确有其人，都要经过严密的审查，编辑、校对人员都要对里面的文字经过几遍的检查。如果想要对某些事物做深入的了解，书籍是一种更好的信息来源。

只有不断学习成功人士的做法，积极行动、积极实践，才能走向成功。经常读书的人，并不会把时间、精力用在尝试摸索上，而是用在产生的成果上。就连沃尔玛超市（Wal－Mart）的创始人山姆·沃顿都曾说过："我的事业做起来，是模仿别人的。"与其自己开疆辟路，不如走在既有的道路上，更能早日抵达山顶。道理很简单，和走路比起来，骑自行车更能节省时间！

然而，如果没有读书的习惯，纵然捷径就在身边，也是很难感觉到的，只能一个人辛苦劳作。在这个过程中，当精力和体力全部用尽的时候，只能放弃！与盲目行进比起来，如果有捷径可选，必然是走捷径比较好。这样，可以让你在保持体力的情况下，到达目的地。

当然，所谓的成功，其内容和规模都是不一样的。可是如果有人在与你相同或类似的工作上取得成功，那么能学习到这个人的经验和智慧则是最快的捷径！

一边工作一边学习

今天的世界日新月异，人类需要知识的不断填充，需要知识的完善积累。如果你了解到，工作是你最直接的学习方式，而且是怀着一颗学习之心来面对工作的，你就会发现，在工作中遇到的所有的人和事都有值得学习的地方。

向你的老板学习！

老板之所以成为你的老板，必然有其过人之处。比如，具有主动、坚持等优秀品质。向老板学习，不是因为他是老板，而是因为他很优秀。如果你能随时随地向老板学习，那么做事的时候就会尽心尽力，就会像老板一样思考，像老板一样行动。

当你潜心向老板学习的时候，你就会知道什么是自己应该做的，什么是自己不应该做的。

反之，如果你只是为了工作而学习，就会得过且过，不负责任。如此一来，你就不会得到老板的认同，不会得到重用，低级打工仔将是你永远的职业。

向你的同事学习！

每个人身上都存在着不同的优点，这些优点一旦被你学习吸收，会为你带来很多的便利。如果同事或者在工作技术上强于你，或者在职业技能上高于你，那么向他学习，学习他的技术技能，学习他的工作经验，这将为你提供极大的帮助。其实，如果你用心去发现，每个人身上都有值得你学习的东西。

苏东坡在《东坡志林》中讲了这样一个故事：

古时候，杜处士非常喜欢画画，收藏了很多的名画。其中，戴嵩的卷轴《牛》是他最喜欢的。出门的时候，他经常会带着这卷画轴。

一天，杜处士又在向人们展示他的画了。一个牧童看到了，捂着肚子笑起来："这幅画是斗牛吗？斗牛的时候，力量都在牛角上，尾巴会戳入两腿之间。而这幅画上，两头牛是调转尾巴争斗，真是太可笑了！"杜处士笑了笑。

戴嵩是唐代的著名画家，擅长画牛和田家川原风景。笔致精细入微，与韩干画马并称"韩马戴牛"。这样一幅画，杜处士自然喜欢，所以经常会带在身上。当牧童将其中的错误指出来的时候，杜处士竟笑而然之。由此可以发现，每个人都可能有谬误，每个人也都有可学之处，要虚心向别人学习。

向你的客户学习！

我们要积极向自己的客户学习，让客户的知识经验成为自己企业知识的一部分。借由客户不同的需求，或是他们使用你的产品或服务的不同方式，都会为你发展新产品或行销策略提供灵感。

我们只要多加用心，就可以从客户身上学到各方面的知识，打开自己的思路，获得一些可以享用终生的财富。把客户当成财富，不仅要把他当成你生意和工作上的财富，还要把他当成能帮助你自我提升的财富……要不断地从客户身上学到更多有用的东西。

向你工作中的所有事情学习！

俗语说得好："吃一堑长一智！"世上所有的经验，都是由"事情"积累而来的。在你的成长过程中，每经历一件事情，都会给你提供一次极好的直接学习的机会。实践是学习的最高境界，"事情"所体现出来的，就是实践。作为一名员工，你的工作就是"做事"，你所做的每一件事，都是你学习的机会。如果你能够充分利用这些机会，在解决事情的过程中，你所学得的知识与技能必然会逐渐增加。

古诗有云："世事洞明皆学问，人情练达即文章。"不管是自己的事情，还是别人的事情，都可以学习。从"事"中学习知识，对你来说是一个学习知识与技能的重要方法。

万物皆有可学，事事皆有学问！当明白了这一点，在面对事情的时候，你就会有意识地从这些事中学到一定的知识与技能，增长你的经验和智慧。

善于倾听

上帝给了我们灵敏的耳朵，就是让我们去倾听世界。多听少说，是一个成熟的人最基本的素质。大千世界，如果你善于倾听那些让你回味的哲理故事，你会变得成熟；如果你善于倾听大自然和谐动听的演奏，你会变得积极、活跃。

> 很久很久以前，一个小国来到中国，进贡了三个小金人，皇帝高兴极了。可是，这个小国比较狡猾，给在场的人出了一道题：这三个小金人当中，哪一个最有价值？
>
> 皇帝赶紧请来珠宝匠帮忙，可是不管是称重量，还是看做工，都是一样的。一位老大臣想到了一个办法：他拿来三根稻草，把一根塞进第一个金人的耳朵中，可是眨眼工夫又从另一个耳朵中穿了出来；对第二个小金人做了同样的试验之后，那根稻草竟从金人的肚子里掉了出来；把稻草塞进第三个金人的耳朵中，稻草直接掉到金人肚子里去了。老大臣高兴地说："第三个金人最具价值!"使者微笑着点点头。

倾听，是对知识的吸收。善于倾听的人，才是一个真正有价值的人，才能让自己的知识丰富起来。

5. 重复加强

重复其实是一种力量

小时候，很多人都读过关于爱迪生的故事：

一次，在手工课上爱迪生做了一张凳子，但他将这张板凳递给老师的时候，老师却说：“你怎么这么笨，竟做出了世界上最难看的凳子！”

爱迪生一句话也没有说，默默地从桌子底下又摸出一张小凳子，老师瞟了一眼，夸张地喊道：“这张凳子更差！”老师的话音还没有落下，爱迪生又拿出一张来说：“这张更难！但毕竟是第一次做的！”听了爱迪生的话，老师目瞪口呆！

是啊，无须最好，只求更好！

读书的时候，当遇到生字或陌生文章时，通过反复朗读后，就基本掌握它们了；进一步熟练后，就能够为我所用了。这就是重复的魅力！其实，不论做什么事都是如此！只要开了头，就要义无反顾地前行，在不断地重复中，在不懈的努力下，我们的目标终将实现。

“水滴石穿”“铁杵磨成针”，就是重复的结果，就是重复的胜利！古往今来，在人类历史上作出了重大贡献的杰出人物，都是历经磨难的强者。

蚂蚁一生中匆匆忙忙只做一件事，朝夕不停地往返于洞穴间，将食物运到洞内，把排泄物搬到洞外。这种重复，使蚂蚁世世代代得以生存繁衍。美国田径明星卡尔·刘易斯称霸世界田径赛场十余年，有人问他成功的秘诀，他说：“我只不过像蚂蚁一样，每天在运动场上反复地做一个动作，少则几百次，多则上千次，也许是重复的次数比别人多一些吧。”

有人开玩笑说，当你对一个女人说一千遍“你是贤妻良母”后，她就真的会变成贤妻良母。戈培尔说：“谎言重复一千遍就成了真理。”

真理重复一千遍，或许便成了信仰。当然，这些仅停留在认知事物的层面。

在行动的层面，有成效的“重复”是有前提的——寻找到自己的世界，在自己的世界里重复努力。有个不名一文的电线架设工，有一天自己突然开窍了，觉得只有互联网才是自己的世界。于是，一个人做起一个音乐网站，几年如一日地重复做一件事，终于“发家”。今天，这个人已经成了著名的音乐网站站长，在业内很有些名气。

练习一万米长跑的时候，每一圈都是重复，每个动作都是重复。最后两千米体力消耗已经很大，运动员只是重复着教练教的动作。这时，重复便成了一种向前的惯性、一种力量，它带来的结果，往往是痛苦过后的成就感。

简单的重复，枯燥无味，令人厌倦，但它却是对人意志品质的最佳考验。它不为常人所重视，因为它司空见惯，可成功者却能在重复中寻找力量，积蕴力量，最终走向成功。

事实胜于雄辩！无数的前辈以他们铁的事实证明：重复不是徘徊，更不是懦弱，而是力量的再生和成功的助推器。再来一次，再来一次，美丽的梦想明天就会变成现实！

成功源于坚持的力量

课堂上，老师对学生们说：“如果你每年年底存1万~4万元。将存下的钱都投资到股票或房地产，会获得平均每年20%的投资回报率，那么10年后，是36万元。”

老师询问：“存40年后是多少？”大家纷纷说出自己的答案，不过猜的最多的是二三百万元。

老师一步一步地演算给大家看，最后却是1.0281亿元！

全场惊呆了！

成功的关键是目标明确后，坚持、坚持、再坚持！坚持10年就已经不容易了，而要坚持40年更是难上加难，可是奇迹就是这样创造的。

小小的沙砾之所以能变成价值连城的珍珠，靠的是坚持的力量；展翅飞翔的雄鹰之所以能在空中自由翱翔，靠的是坚持的力量；盛气凌人的梅花之所以能“凌寒独自开”，靠的也是坚持的力量……平庸无闻的人之所以能够成为成功、举世闻名的人，靠的何尝不是坚持的力量？

一部日本电视剧中有一个片段：

一位聋哑人在参加伤残人运动会时，为了搀扶一位摔倒的老者，落在了最后。但是，他依旧顽强地跑完了全程。这时，场上爆发出了热烈的掌声，那掌声是对他顽强精神的鼓励，更是对胜利者的欢呼！一个人尽最大努力获得他能力范围之内的最大限度的成功，他就是成功的人。

学习上的成功源于对目标孜孜不倦的坚持。目标是学习的动力，没有目标的学习就像一只在茫茫大海漫无目的行驶的大船，然而追求学习的目标需要坚持的力量。数学家陈景润在十年内乱中被当做“白专典型”遭受批判。在证明哥德巴赫猜想时，遇到很多阻力，但他认定了目标，不断努力，以顽强的毅力反复推理计算，终于攀登上了数学的高峰。

工作上的成功源于对事业永不言弃的坚持。工作是辛苦，但为什么有的人在同样的事业上能够取得辉煌的成就，而有的人却半途而废，最终一辈子碌碌无为？成功源于坚持！面对事业的不顺利，只要永不言弃地坚持下去，才会迎来成功的累累硕果。

生活上的成功源于对快乐美好向往的坚持。每个人难免经历生老病死，只有坚持快乐生活的人才是真正懂得生活的人。面对自己下半身瘫痪的悲惨状况，史铁生并没有丧失生活下去的意志，他坚持以快乐的心态面对病魔的折磨，鼓励千千万万的残疾人快乐生活。

俗话说："世上无难事，只怕有心人。"世界上很难办到的事情，只要人们用心去做，总是有可能成功的。只要抱着锲而不舍、持之以恒的精神，再难办的事情也会迎刃而解。

做事不要半途而废

东汉时，河南郡有一对夫妻——乐羊子夫妻。

一天，乐羊子在路上行走的时候捡到一块金子，回家后把它交给了妻子。妻子看了看，说："我听说，有志向的人不喝'盗泉'的水，因为它的名字令人厌恶；不吃别人施舍的食物，宁可饿死。更何况拾取别人失去的东西？……"听了妻子的话，乐羊子感到非常惭愧，于是他把那块金子扔到野外，到远方寻师求学。

一年后，乐羊子回到了家里。妻子问他为什么回来，乐羊子说："出门时间长了，有点想家。"妻子听完，抄起一把刀走到织布机前，说："机上的绢帛是一根丝一根丝积累起来的，然后才有一寸；一寸寸地积累下去，才有一丈……今天如果我用刀将它割断，就会前功尽弃。"

乐羊子认真听着，妻子接着说："读书也是如此！学习的时候，要不断获得新知，使自己的品行日益完美。如果学了一半就回来，就如同割断织丝一样。"

……

乐羊子妻子的话告诉我们，如果每次做到一半就放弃，最后什么事情都做不成功，只有坚持到底，一件事情一件事情地完成，才能一步一步前进。

立下了目标，就要敢于实践，努力完成，半途而废是不对的！世界上没有什么事是办不成的，没有什么困难是不能克服的。试想，乐羊子当时如果放弃了学业，只能成为平庸之辈。

“锲而不舍，金石可镂；锲而舍之，朽木不折。”这句名言告诉我们，做人的关键在于要有恒心，目标专一，持之以恒。如果要做出成就，就必须有恒心，不能半途而废。

伏尔泰曾经说过：“要在这个世界上获得成功，就必须坚持到底，剑至死都不能离手。”任何人成功之前，都会遇到许多的失意，多次的失败。如果你放弃了，你就放弃了一个成功的机会，因为轰轰烈烈的成功之前的失败，往往离成功只有一步之遥。自古以来，那些所谓的英雄，并不比普通人更有运气，只是比普通人更有坚持到最后的勇气罢了。

坚持是成功的关键之一！做事的时候，如果半途而废，不懂得坚持，必将一事无成！如果能持之以恒，坚持不懈，就没有什么困难能阻挡你前进的道路。

6. 检查结果

成功离不开自我反省

很多成功人士在介绍自己的成功经验时，都会提到自我反省能力。

一个人之所以能够不断地进步，就在于他不断地自我反省，找到自己的缺点或者做得不好的地方，然后不断地改正，从而取得一个又一个的成功。

金无足赤，人无完人！每个人都会有这样的缺点，那样的错误，谁都难免有不足的一面。罗曼·罗兰说："在你战胜外来的敌人之前，先得战胜你自己内在的敌人；你不必害怕沉沦与堕落，只要你能不断地自省与更新。"成功人士通常都会通过彻底反省来打败自己内心的敌人，将自己思想灵魂深处的污垢尘埃扫除，减轻精神痛苦，净化自己的精神境界。

是否具有反省能力，对一个人的成长来说至关重要。只有懂得自省的人才能跟上时代的步伐！在今天这个科技迅猛发展的时代，每个人都不可能永远不犯错误，及时地自省和自我批评往往是纠正自身错误、实现快速转型的关键所在。

面对激烈的竞争，面对瞬息万变的市场环境，如果不愿意反省自己，不愿意及时改正错误，必然会面临衰败和灭亡的结局。同样，在快节奏的信息社会中，如果不能及时察觉自身的缺点，不能用最快的速度纠正自己的发展方向，也必然会在学业和事业中落伍。只有懂得自省的人才能不断成长。

我们要不断地在反省中扪心自问：自己是怎样的一个人？哪些东西对自己最为重要？自己能否把每一件事做得更好？这样的心路历程将会成为一个人在成长过程中审视自己的价值观、质疑自己的思路和锻炼自己的判断力的最好方法。经过了这种方法的考验，你必然会变得更强大、更自信，你的人生目标也会更加明确。

只有善于自我反省的人，才能发现自己的优点和缺点，才能扬长避短，发挥自己的最大潜能；而一个不善于自我反省的人，则会反反复复地犯同样的错误，自己的能力是很难发挥出来的！

正确面对批评，逐渐完善自己

俗话说得好："人非圣贤，孰能无过！"不管是什么人，都难免存在缺点错误。"当局者迷，旁观者清"！有些缺点和错误，自己有时是察觉不到的。但别人发现了之后，主动给指出来，就是对自己的关心和爱护，应持欢迎态度。

成功人士通常都能善待批评，尊重批评。如果看不到自己的缺点和错误，时间长了，就会小错铸成大错，当你感到后悔的时候，就会毁掉自己的前程。

缺点错误是一个人成功的大敌，而批评就可以指出缺点，引起你的警觉。如果不能善待别人的批评，你的缺点错误是永远都无法改正的。

要想成功，就要把批评当做镜子，用这块镜子来照照自己，看看自己到底存在哪方面的问题，并加以改正。虚心接受别人的批评，往往可以赢得别人的好感和尊重，这对你事业的成功不无好处。

一位顾客从食品店里买了一袋食品，打开一看，食物都发霉了。他找到营业员，生气地说："你们店里卖的什么东西，都发霉了！你们这不是拿顾客的健康开玩笑吗?"

几个顾客听到声音，赶了过来。

营业员面带笑容，连声说："对不起，对不起！这是我们工作的失误，非常感谢您给我们指出来，您是退钱，还是换一袋呢？如果换一袋，可以在这里打开看一看。"

面对营业员诚恳的微笑，并听到他真诚地说了“对不起”，顾客没有再说只好重新换了一袋，旁边的几个顾客也夸奖营业员的服务态度好，以后要经常来这里购买东西。

失误和缺点在所难免，每个人都会遇到，但是在面对别人批评时，懂得为人处世的人就会掌握好火候，真诚地接受他人的批评并且马上改正，自然会赢得别人的好感。

古人有云：良药苦口利于病，忠言逆耳利于行！意思是说，一味特苦的药往往是最好的药，它虽然味苦，但有利于治病；别人的忠言也许有些逆耳，但却有利于修正自己的不良行为。别人的批评就是苦味的良药、逆耳的忠言，千万不可小觑。如何对待别人的批评，不仅可以体现出一个人的襟怀，还可以检验出一个人的处世原则和综合素养。

苏联平民教育家苏霍姆林斯基曾经在他的著作《怎样培养真正的人》中说过：“要学会感激人。听到夸奖之后，要感谢人家，同时为你朝着完美方向前进而高兴；听到指责之后，也要感谢人家，因为他们在教你像人那样去生活。”

如果一个人只喜欢言不由衷的赞扬，听不进别人中肯的批评，那么这个人终将一事无成。相反，如果一个人不仅能听得进表扬，还能非常愉快地接纳别人的批评，这种人定然有着和别人不一样的胸怀和涵养，日后必定会成就一番大事业。

从失败中吸取教训，方能成大器

有个捕鱼技术高超的渔人，被人们尊称为“渔王”。上了年纪之后，“渔王”感到非常苦恼，因为他的三个儿子的捕鱼技术都很普通。

于是，他经常向人诉说心中的苦恼："我就搞不明白了，我捕鱼的技术这么好，我的儿子们为什么这么差呢？从他们懂事起，我就开始向他们传授捕鱼技术，而且是从最基本的教起，告诉他们该如何织网最容易捕捉到鱼，如何划船最不会惊动鱼，如何下网最容易请鱼入瓮。他们长大了，我又教他们怎样识潮汐，辨鱼汛……凡是我长年辛辛苦苦总结出来的经验，我都毫无保留地传授给了他们。可是，他们的捕鱼技术竟然还没那些技术比我差的渔民的儿子好！"

一位路人听了他的诉说后，问："你一直手把手地教他们吗？"

"是的，为了让他们学到一流的捕鱼技术，我教得很耐心很仔细。"

"他们一直跟随着你吗？"

"是的，为了让他们少走弯路，我一直让他们跟着我学。"

路人说："这样说来，你的错误就很明显了。你只传授给了他们技术，却没有传授给他们教训，对于才能来说，没有教训与没有经验一样，都不能使人成大器！"

成功者善于向他人学习，他们懂得取长补短，成就自己。为了避免出现类似的错误，他们会不断地向成功者学习经验，总结失败者的教训。

老子曰："善人者，不善人之师；不善人者，善人之资。"仔细观察行善者的行为，不耻下问，向能者求教，学会用他们的思维方式来分析问题；同时，要对比自己作为局外人的想法，找出其中的差异，发现自己的不足，学会自己不懂的东西。

一个人的体验是有限的，在与人交往的过程中，不仅要多学习成功者的经验，还要不断地总结失败者的教训，逐步完善自己。

成功者的经验固然宝贵，失败者的教训也绝不能忽视，要想成功，这两点缺一不可。汲取成功经验，总结失败教训，你离成功会越来越近！

小结

明确就是力量！一旦确定了自己最想要的，就要立刻把它明确下来。它会根植在你的思想意识里，深深地烙印在你的脑海中，让潜意识帮助你实现想要的一切。

人性当中有两大兴奋点，即痛苦和快乐。我们一生中所做的事情都是建立在这两个兴奋点之上，要么是为了追求快乐，要么是为了逃避痛苦。但逃避痛苦的力量要远远大于追求快乐的力量！

要想成就事业，必须要习惯优秀！你是一个完美无瑕的人吗？你有十分优秀的习惯吗？如果没有，请你把娇贵的身份放下，认真聆听；如果你想要成功，那么请先改掉你的坏习惯。

所谓的成功，其内容和规模都是不一样的。可是如果有人在与你相同或类似的工作上取得成功，那么能学习到这个人的经验和智慧，是你获得成功最快的捷径！

简单的重复，枯燥无味，令人厌倦，但它却是对人意志品质的最佳考验。它不为常人所重视，因为它司空见惯，可成功者却能在重复中寻找力量，积蕴力量，最终走向成功。

只有善于自我反省的人，才能发现自己的优点和缺点，才能发挥自己的最大潜能；而一个不善于自我反省的人，则会反反复复地犯同样的错误，自己的能力是很难发挥出来的！

秘密二

人性需求的渴望

1. 安全的需求

遵守时间，尊重他人

对大多数人来说，确定性会带来一种安全感。安全感是一种感觉、一种心理，是来自一方的表现带给另一方的感觉，是一种让人可以放心、可以依靠、可以相信的言谈举止等方面表现带来的。

所有人的时间都是一样珍贵的，无论你是出身豪门，还是出生于普通人家。尊重别人的时间就是对别人的基本尊重，也是对自己的基本尊重。遵守时间的人，不仅能够赢得对方的信任，还能赢得对方的尊重。当你懂得时间的价值，懂得尊重别人，人们也会尊重你。

时间就是效率！不遵守时间的人，大脑中根本就没有效率这一概念。真正的成功者懂得时间的价值，守时是一个人信用的象征。

在与人交往的时候，首先要学会遵守时间。一个高素质的现代人，无论做什么，都会至少比约定好的时间提前 5 分钟到达。如果是一个小时的路程，就提前半小时出门，要把可能出现的各种情况考虑在内。在约好的前一天，通过各种方式提醒对方第二天的约会和约会时间。

在团队活动中，更要遵守时间。有句谚语说得好：浪费别人的时间，等于谋财害命。

在西方，由于几个人的不守时而耽误大家时间的事情是很少发生的。反观有些中国人，明知不遵守时间不好，还是经常延误，并找各种借口为自己开脱，实在是不应该。而且，耽误了几分钟时间，会给许多人留下不好的印象，是很划不来的。

遵守时间，既是对别人的尊重，也是对自己的尊重！

真诚与人交往

一个人的哪些品质决定他是否受人喜爱？研究发现，真诚是其中最重要的特质。

在人际关系实验中，研究者给出了一些形容人品质的形容词，让受试者按其人际吸引力的高低排序。结果发现，在评价最高的 8 个词中，与诚信相关的占了 6 个，分别是真诚、诚实、忠诚、真实、值得依赖、可靠，而被评价最差的词语是说谎和欺骗。

在马斯洛的心理需求层次中，人类对安全感的需求，仅次于对生理的需求。真诚的人总能给人安全感，因此也是人们决定是否喜欢一个人的首要标准。

不可否认，当今社会信任危机频发，影响了社会发展，扰乱了生活秩序。因此，人们在交往时都会互相试探，判断对方的品质与爱好。一个人再怎么热情，只要“表面喊得亲，背后捅刀子”，便不可能在人群中站住脚跟。尤其在长期、稳定的关系中，诚信更是人与人交往的核心。

对于管理者来说，诚信除包括真诚待人、言行一致外，还要注意

“疑人不用，用人不疑”的原则。也就是说，选人一定要选德才兼备者；一旦选准，就要给予充分的信任，放手使用他，充分发挥他的聪明才智。

距离也是一种美

哲学家叔本华曾提出一个人际交往中的“心理距离效应”——“豪猪法则”：豪猪在天冷时，会彼此靠拢取暖，但要保持一定距离，以免互相刺伤。可以说，距离也是一种美。

人类学家霍尔将人际间的距离分为三种：最近的“亲密距离”为50厘米，仅见关系最密切的伙伴之间；朋友间的“个人距离”为50厘米~1米；最远的“公众距离”则是陌生人间的。中国人的隐私意识不强，经常会无意间或被迫闯入他人的亲密距离，比如，地铁中，人们就不得不与陌生人共享亲密距离。

保持距离，既是对他人的尊重，也是对自己的保护！“豪猪法则”适用于所有人际场合。在职场中，领导要与下属保持距离，这不仅能获得尊重，还能避免下属对自己的恭维、奉承、行贿，防止失去原则。

朋友相处也要保持距离。太过亲近，难免忘记分寸，一不小心口无遮拦，就会造成彼此间关系的紧张。即便是关系最亲密的夫妻，也要有个人空间。

人们常把夫妻比作两个相交的圆，交叉部分是二人世界，在这里能尽享亲密和温馨；不交叉的部分是各自独有的天地，这里有双方不同的圈子甚至隐私。留出距离就是给彼此的感情腾出一个足以盛放的空间，因此，保持亲密关系的法宝，莫过于保持适当的距离！

2. 惊喜的需求

试着给他人一个惊喜

如果想在别人面前证明你的实力，那么请给别人一个惊喜！惊奇是人的本性，是隐藏在人体内部的生产力。给别人以惊喜，是最好的推销自己和证明自己的方法！生活中，大部分时间都是平淡的，正因为如此，如果你能在平淡的生活中给他人一个惊喜，别人会十分感激你。

惊喜能使生活变得丰富多彩、富有情趣。给朋友一个惊喜，能使朋友深刻地感受到你的情义；给爱人一个惊喜，会让他（她）感受到似已疏远的爱情；给孩子一个惊喜，则能令他乖上几天。当然，给别人一个惊喜也能让自己感到自豪和兴奋。

当一个和你只见了一面的人，两个月后站在你面前，你清楚地喊出了他的名字时，这份惊喜足以让他真切地感受到你对他的重视。有了一个好印象，可能会影响你们以后的所有交往。其实，每个人都渴望得到别人的特殊关照，而给人惊喜就是让人感受特殊的最好办法。

不要武断地认为给人惊喜是一件非常难做的事情，不要认为只有送人戒指、洋房才能给人惊喜。你不妨在电视、电影中学点招数，比如：节日给女朋友送朵花；朋友过生日给他点首歌……只要你想让生活丰富多彩，电影、电视都会让你产生无数灵感。

平时对朋友、家人多加留心，也会有很多让他们感到惊喜的机会。比如：自觉地记住朋友家人的生日、记住朋友的结婚纪念日……如果能记住朋友两口子的初次约会日，那就更好了。

如果朋友喜欢一边办公一边听音乐，今天朋友的随身听坏了，你悄悄地把一只新的随身听送给他，自然会让他惊喜万分。

当然，改变一下自己的性格，改掉一些自己的缺点，也会给他人带来惊喜。

给客户惊喜

在现代商业社会中，怎样做到令顾客满意，已经成为一门非常高深的学问。

管理专家说："顾客没有不满意，就等于不满意。"客人对你所出售的服务没有较大的认同，就会"见异思迁"。当有其他消费选择的时候，顾客就会离我们而去，去他期望最值得消费的地方，久而久之，我们的顾客就会越来越少。

酒店消费和去百货公司消费是不一样的！到酒店消费的顾客所得到的是享受，去百货公司消费的顾客所得到的是物件。物件可以随手把它拿走，带回家去和家里人分享。但不要忘记，享受一样可以拿走。当一个顾客在酒店消费中备受礼遇时，顾客走出酒店大门时所带走的是经历和感受。顾客会把这种经历和感受传递给朋友和同事，朋友和同事再传递给他们的朋友和同事，经历和感受就会得到成百千倍的传播。

没有惊喜就没有满意，要想留住顾客，首先必须给顾客以好的经历和感受。要想让顾客有好的经历和感觉，就得在整个服务过程中加入"惊喜元素"。只有惊喜，才能有满意。这种惊喜不是不用付款的消费，而是令顾客觉得物有所值，让顾客在精神上得到最大的满足，值得顾客再次消费。

惊喜是靠人创造的，世界上没有人一眼就能看穿别人的期望和需要。要想了解顾客的期望和需要，就需用心去了解和接近我们的顾客，收集顾客的信息，为服务提供依据，在给顾客提供的整个服务过程中给他意外的惊喜。

3. 重视的需求

人人都需要得到认可

人们不管做什么事情，都希望得到别人的认可。也许，好多人都这样认为，做什么事情，无论成功与否，只要别人能够给一句话，都会觉得很温暖！这也许就是一种满足吧！

好多时候，人们之所以会帮助别人并不是出于什么崇高的理想，也不是希望别人能够得到怎样的回报，往往一句感谢就能够让人得到满足。这应该是一种付出得到认可的满足！

虽然许多人做事情的时候也很积极，或者说是充满激情，但是就是做不好，久而久之就会丧失信心，最终放弃自己的诺言和理想。其实，出现这种情况也是很无奈的，究其原因是因为自己的付出没有得到他人或者是社会的认可。

当然，并不是说只有成功了才等于说得到了认可。在很多情况下，认可也只是别人的一句贴心话，一句能让人在心理上得到慰藉的话语。

重视他人，给人力量

人的一生，总要和他人进行交往。在交往中，重视他人是相当重要的。因为重视他人，会给人以力量。

美国的一位心理学家曾做过这样一个试验：他将自己的学生分成三组，他经常会对第一组的成员表示赞赏和鼓励，对第二组则采取了一种不管不问、放任自流的态度，而对第三组则不断给予批评。

试验结果表明，被经常赞扬和鼓励的第一组成员进步最快，总是挨批评的第三组也有一点微小的进步，被漠视的第二组却仍然在原地踏步。

一位心理学教授，为了教会学生重视他人，经常要求他们在课堂里练习如何去肯定和表扬他人——他不时地会让学生一个个走出来站在讲台前，当着全班学生的面去赞扬他们中的某一个同学。这种练习不仅让全班同学体会到了乐趣，也使他们懂得了尊重与肯定他人的重要性，使他们在人格上得以健康成长。

从以上例子可以看出，重视他人不仅能给人以鼓励和力量，还能融洽关系，促使他人取得更大的进步。

有一句格言说得好："轻视他人的结果，往往是别人对你的轻视。"同样，重视他人的结果，往往是别人对你的重视。

1754年，已是上校的华盛顿率领部下驻防亚历山大市。当时正值弗吉尼亚州议会选举议员，一位名叫威廉·佩恩的人反对华盛顿支持的一个候选人。

有一次，华盛顿就选举问题与佩恩展开了激烈的争论，争论中说出一些极不入耳的话。佩恩异常生气，出拳将华盛顿击倒在地。可是，当华盛顿的战士急忙赶来想为长官报仇时，他却阻止了，并说服大家平静地退回了营地。

第二天，华盛顿托人带给佩恩一张便条，请他尽快到当地一家酒馆会面。佩恩来到酒店，料想必有一场恶斗。但出人意料的是，他看到的不是手枪而是酒杯。

华盛顿站起身来，笑容可掬，伸出手来迎接他："佩恩先生，人谁能无过，知错而改方为俊杰。昨天确实是我不对。你已采取行动挽回了面子，如果你觉得那已足够，那么，就请握住我的手吧，让我们来做朋友。"

这件事就这样皆大欢喜地和解了。从此以后，佩恩成了华盛顿的一个热心的崇拜者。

关心别人，重视别人必须具备高尚的情操和磊落的胸怀。当你用诚挚的心灵，使对方在情感上感到温暖和愉悦，在精神上得到充实和满足后，就会获得和体验到一种美好、和谐的人际关系，就会拥有许多朋友。

学会赞美他人

赞美别人说话是一门艺术，一句话能把人说笑，也能把人说跳！学会赞美别人，是我们为人处世必须遵循的一个原则。

有这样一个小故事：

有甲乙两个猎人，各猎得兔子两只回来，甲的妻子看见后，冷漠地说："你一天只打到两只小野兔吗？真没用！"猎人甲不太高兴，心里埋怨起来，你以为很容易打到吗？第二天他故意空手而回，让妻子知道打猎是件不容易的事情。

乙猎人遇到的则恰恰相反！妻子看到他带回了两只兔子，欢天喜地："你一天打了两只野兔吗？真了不起！"乙猎人听了满心喜悦，心想：两只算什么！结果，第二天他打了四只野兔回来。

两句不同的话，产生了完全不同的效果。人的根本天性就是喜欢自己主动地做一些事情，而不是被动的，而赞美就有这样神奇的效果。

人总是喜欢被他人称赞，无论是六岁的孩子，还是古稀的老人，尤其是喜欢将自己和别人比一比，将自己说的比别人好一点。称赞是欣赏和感谢，它给人的喜悦是无法比拟的，一张冷漠的面孔和一张缺乏热情的嘴是很令人失望的。

有位企业家说过："人都是活在掌声中的，当部属被上司肯定时，他才会更加卖力地工作。"法国的拿破仑就懂得赞美的力量，而且他也具有高超的统帅和领导艺术。他主张，对士兵要"不用皮鞭而用荣誉来进行管理"。

拿破仑认为：一个在伙伴面前受到体罚的人，是不可能愿意为你效命疆场的。为了激发和培养士兵的荣誉感，拿破仑对每一位立过功的士兵都加官晋爵，而且还会在全军进行广泛的通报宣传。通过这些赞美和变相赞美，激励士兵勇敢战斗。

赞美别人，可以使我们的心灵在欣赏与赞美中得到净化。赞美别人，可以使我们的内心满溢着爱，建立起健康和谐的人际关系。如果你经常赞美别人便会发现，我们身边有太多美好的东西，我们的生活充满了阳光，会发自内心地对生命、对生活充满感激。

在这个节奏飞快的现代社会，在这个无暇沟通的生活环境中，学会赞美别人，人与人之间便会多一分理解，少一点戒备；多一分温暖，少一点冷漠；多一分融洽，少一点隔阂。

4. 关爱的需求

爱自己的人才会爱别人

问你一个问题，在你的生命中，你最爱谁？我相信，很多人都会说我爱父母、爷爷奶奶、朋友……很少人会说最爱自己。因为他们觉得说爱自己会让别人觉得自己很不理性，很自私。可你们想过吗，谁会不爱自己？是，你们除了爱自己外，确实还爱另外的人。

当然，一个失去理智的人才不会爱自己。你们愿意承认自己失去理智吗？真正明智的做法是，当别人问你最爱谁时，自豪地说“我最爱自己”。

你真的很需要爱自己！爱自己的一切！我们发出对自己爱的电波能让我们更加去爱我们爱的人，要无条件的爱自己！

我们来到这个世界的目的就是能感受快乐，能感受活着的美好。如果你连自己都不爱，你还有什么资格去谈活着的美好与意义呢？如果你不能接近你身边的人，说明你不爱自己，正是因为你不爱自己，你没有了亲和力，甚至你都不知道如何接近自己。

人生要做的重要事情之一就是——学会爱自己，学会照顾自己，学会善待自己。所有人的灵魂都需要爱，无一例外。无论你多么自信，多么优秀，多么有风度，都需要关怀、温柔、温暖和赞赏。

不管你多么伟大，你都要从爱自己开始。现在，我们要开始接纳自己身上的一切，愚蠢的、可笑的、荒谬的等，不管好与坏，我们都要坦然面对，去改正它，不能一味地伤害自己。

爱自己，不仅可以保护自己，还可以满足自己的要求，你最想听到的鼓励是什么？如果父母没有说，没关系，请每天对着镜子说你希望父母对你说的话。坚持一个月，看看会有什么变化？爱自己并不是一天两天的事，你可以在明显的地方贴一张大白纸，每天拿支笔在上面写上日期，以及你爱自己的事情与心情。

……

当你真正地爱自己的时候，你就有资格爱别人了。这时，学会爱自己的你就会去爱别人，不会像以前那样逼迫别人，做一些他不想做或不喜欢的事情。

那些被你爱的人，其实和你一样渴望爱。你爱自己了，才会真正去爱别人。一个人如果连自己都不爱了，又怎么去爱别人？所以，爱别人是建立在爱自己的基础上的，而不是随便说一句“我爱你”。

各位，现在就赶快行动起来吧。爱自己！再去爱别人。

爱自己，更要学会爱别人

每个人都期望别人能够喜欢自己，但你应该知道，要想赢得别人的友谊和感情，不能先去担心别人是否喜欢我们，而要用心去改善自己的态度，并增进能让别人喜欢你的品质。生活中，不是别人有没有爱我们，而是我们是否值得他人去爱。

每个人经常会做梦，常常梦想有朝一日要扬名天下，像伟人一样在每个人的心目中树立不朽的丰碑，让世世代代的人都知道我们曾来过这世上。想象自己穿什么样的衣服，所到之处，别人是如何赞美、追求，让每一个异性都对自己充满爱意、让每一个同性都充满羡慕。

可是，别人为什么要喜欢你呢？如果并没有义务非要别人喜欢你，有什么理由让别人特别喜欢你？除非我们具有他们所要的特质。孔子曾经说过：“最重要的，不是别人有没有爱我们，而是我们值不值得被爱。”

约瑟夫·格鲁大使曾经说过：“外交的秘诀仅在5个字：我要喜欢你。”所以，不要在意别人是否喜欢自己，而要专心一意去喜欢别人，这样更容易出现“无心插柳柳成荫”的效果。

当然，为了要得到友谊和感情，我们必须先认清“施比受更有福”的现实；然后，把这种认知行为表现出来。不能只把金矿藏在内心，黄金只有在使用时才能显示其价值！

《圣经》有言：“由所结的果子，便可认出他们。”如果你想使自己变得让别人喜欢你，首先就要学会喜欢别人；要想别人爱自己，首先就要学会爱别人！

爱自己，更爱员工

出于对利润和业绩的追求，很多管理者会逐渐忽略甚至漠视从细微之处关心和爱护员工。每个公司在一年当中总会召开各种名目繁多的大小会议，有个有趣的现象是：只要公司开会，其会议内容一定离开年度计划、经营目标、战略发展等关乎企业生存发展的大问题。而那些有关员工切身利益的小事，例如：员工医疗保险、外地员工的户口落实等问题则被视为是不足以提到台面上来讨论的问题，不是避而不谈，就是只言片语简单带过。

面对这样的会议，不管管理者的发言多么绘声绘色、慷慨激昂，台下依旧是发短信的发短信，画小人儿的画小人儿。原因何在？很简单，对于普通职员来说，公司的战略实施计划，与他们关系不大！

在某次公司中层讨论外派人员时，整个会议讨论的重点就是派驻人员如何在新区域开展业务、拓展市场。当管理者提议，对这些没有任何社会经验的应届毕业生，印发一下提示注意人身安全的宣传手册时，多数人表现出一种不以为然的态度，有些人甚至认为：大学生需要这样的外派机会锻炼自己，以便从实践中总结经验，考验自己。

在我们身边不难发现，几乎每个公司都印发有各式各样的工作守则、技术指导手册，但是对于那些公司里为数不少的常年奔波在外地的一线员工，他们的驻外经验更多地来自口耳相传，代代流传。

对于利润和业绩的追求，让管理者逐渐忽略了对员工的关心和爱护。更多的时候，“以人为本”只能沦为一句空洞口号！这种现象的背后，往往是管理者的本位思想在作祟。

有些管理者经常会人为拔高下属的服从意识和能力水平，他们多认为：自己会做的事情，下属一定会做；简单的事情，下属一定会做；即使遇到困难，下属也应该自己想办法解决。

可是，每个人的年龄、阅历、经历都是不同的，能力也都不一样，让那些刚毕业的大学生在没有任何社会经验的情况下，独自到陌生的地域去打拼，如何保障他们最基本的人身安全呢？如果连基本的安全都不能保障，又如何让他们安心去打拼事业？

管理者认为，只有企业发展、利润业绩增长这些关乎企业面子的问题才是问题，人性的尊严和员工的利益就显得无比渺小。在他们的眼里，企业的利益比人性、生命更重要。只研究大问题，不看重小问题，体现了企业管理者在骨子里对员工的不尊重。

有位管理者说得好，事情上没有大事，所有的大事都是由小事组成的！如果一个人能把小事不断地完成，不断地细致深入完成，不断地创造性地完成，那么，他就是一个能成就大事的人。

要根除管理者的本位思想和大而空的心态，积极倡导管理者的共情态度。管理者要设身处地、认同和理解下属的处境，要站在员工的立场上用他们的角度来看待事情，理解他们的感受。事实证明，管理者只有放下“大而空”的架子，用共情的态度来诚恳对待员工，才能得民心，得天下。

5. 成长的需求

非学无以广才

俗话说得好：“非学无以广才!”不学习就不能增长知识，不学习就不能让自己的能力得到提高。学习能力是一个人应该具备的最重要的能力。学习没有止境，提高也没有止境，每个人都要具备高效学习的能力，树立终身学习的理念。特别是在当今竞争如此激烈的社会环境下，学习能力更是一个人成长的核心能力。

两千多年前，孔子在《论语》中说的第一句话就是：“学而时习之，不亦说乎?”讲的就是学习。对于我们来说，最重要的能力就是学习能力。很多功成名就的人，通过自己的努力拥有了荣誉和成就，可是他们知道自己承担着更多的责任和使命，这些责任和使命要求他们必须通过学习不断积累知识。因为只有这样，他们在做决策时才能站得更高，看得更远，才能在瞬息万变的市场不断适应。

把万科打造成中国第一个销售额过千亿的房地产企业后，60 岁的王石悄悄地只身奔赴美国，进行为期 3 年的海外游学的新里程。对于一般人来说到了这个年纪，该退下来歇歇了。可是王石却和大家开了一个大玩笑，他接受了著名的哈佛大学费正清亚洲研究中心的邀请，去了哈佛。

漂洋过海游学取经，还要保持董事长的位置，着实让人捏了一把汗。可是，王石却在留学期间交出了一份优秀的成绩单——万科销售过千亿，遥遥领先第二名一倍！王石以进修的方式，丰富了自己的知识，提高了自身的能力，提高了对现实的认识。

今天，为了让自己获得长足的发展，还有很多企业大鳄都选择了到校园进修、锤炼。亚洲超级演说家梁凯恩，曾到日本、美国、新加坡等多个国家及地区进行过演说，他的演讲内容被翻译成12种语言，影响了很多人。梁凯恩也非常重视学习，为了学习，他曾先后投资近2000万元向各领域的世界第一名大师进行学习，内容涵盖销售、谈判、营销行销、催眠、公众演说和领导管理等课程。

其实，古今中外没有哪个优秀人士不是把学习作为一种管理手段的。在漫长的人生经历中，即使他们再忙、再累、再苦，也都不会忽视对知识的渴求，学习既是他们获取知识的途径，也是他们在逆境中的精神寄托。知识是无止境的，学习也应该是不能停止的！

学习可以使一个人的思想、心理和精神永远年轻，使我们的事业蒸蒸日上！

坚持学习，不断提升自己

一个人要想提升自己，就要不断地学习。我们从学校里学到的东西十分有限，更多的知识和技能必须依赖于走出学校之后的学习。学习是终身的责任，每个人在任何时候都不应该放弃学习。只有不断地学习才能弥补自身的不足，才能使我们的知识更丰富，才能让你拥有更加迷人尊贵的气质。

福特公司首席技术官路易斯·罗斯曾说过："在你的职业生涯中，知识就像牛奶一样是有保鲜期的。如果不能不断地更新知识，那你的职业生涯便会快速衰落。"很多富人深谙此道，不断学习、投资自己。

吉米·威尔士在硅谷一共工作了30多年，几乎见证了硅谷的发展全程。在那里，IT行业发展速度快，风险和回报都很高。有人问他："怎样才能在那里取得成功?"他说："在硅谷，没有永远领先的方法，只有不断地摸索、学习，给自己增值，否则你必将被淘汰。硅谷中，每家公司都不会遵循他人的模式足迹，而是自己摸索，不断发展。"

许多人以为，学习只是青少年时期的首要任务，只有学校才是学习的场所，自己已经是成年人了，并且早已步入社会，没有必要再学习新知识了。这种想法是非常错误的！在学校里自然要学习，走出校门之后更要学习；工作的时候需要学习，成功之后更需要学习！

学习不仅是学生的任务，无论年纪大小，不管你从事什么行业，都要不断地学习。只有学习才能扩大视野，获取知识，才能促使你把工作做得更好。如果不坚持学习，我们就无法获得生活和工作需要的知识，无法使自己适应急剧变化的21世纪，不仅不能做好本职工作，甚至还会被时代淘汰。

在科学技术飞速发展的今日，只有以更充沛的热情，饥渴般地学习、学习、再学习，才能不断地提高自己的竞争力，让自己在工作和事业中发挥所长。在靠智慧、实力和知识赚钱的时代，只有通过学习，才能让你清楚地看到自身的不足和局限，才能让你更有效率地挣得更有质量的钞票。

学习不必在乎形式，关键是如何将好东西学到家！

6. 奉献的需求

给予比接受更快乐

一个学生问智者："什么是地狱？什么是天堂？"

智者想了想，回答说："地狱里，一群人围坐在一口锅周围。他们每个人都拿着一双很长的筷子，都想把肉夹到自己嘴里，结果谁也办不到。因此，每个人都瘦得可怜，人人恶语相加。"

学生又问："天堂呢？"

智者回答说："天堂里，同样是一群人围坐在一口锅周围，每个人手里都有一双很长的筷子。可是，他们却夹起肉彼此喂食，因此每个人都可以吃饱，都满面红光，谈笑风生。"

生活就像一面镜子，你对它笑，它也会对你笑；你给别人机会，别人也会给你机会；你帮助了别人，别人也会在你需要的时候帮你一把。奉献，不仅是一种美德，更是一种幸福。予人玫瑰，手有余香！成功总是最先光顾那些奉献最多的人！

一次，记者采访奥斯特洛夫斯基："难道你这一次也没有想到自己失去了幸福，没有想到永远不能看东西、不能走路，而感到失望吗？"奥斯特洛夫斯基回答说："幸福是多方面的，我很幸福。"由此看来，幸福大厦的基石，不仅在于物质生活的满足，更重要的是对人类的无私奉献的满足。

安德鲁·卡内基是20世纪初世界钢铁大王，他本人也是一名慈善家。卡内基取得事业上的成功之后，依然记得当年自己每周六下午在图书馆阅读的心情。1881 年，他捐赠了第一座图书馆。之后的 16 年内，他一共捐资 1200 万美元，兴办了近三千间图书馆。1911 年，卡内基以 1.5 亿美元创立了“纽约卡内基基金会”，奠定了现代慈善事业的基础。

卡内基曾说：“当你为社区兴建图书馆，就像为一个沙漠引进一条水流不竭的溪流。”他不仅购买了土地用做国家公园，还在匹兹堡创办了卡内基大学。1919 年去世前，卡内基一共捐出 350695653 美元。卡内基曾经说过：“一个人死的时候如果拥有巨额财富，那就是一种耻辱。”他认为，财富不应当传给自己的后代，临终前立下遗嘱，要把剩余的 3000 万美元全部捐出。

奉献者的收获是一种幸福，一种崇高的情感，是他人的尊敬与爱戴，是自己生命的延续。一个人所能得到的最大幸福、最自由快乐的心境，莫过于无私的奉献。

修炼无私奉献的精神吧，它是幸福的源泉！

富人要有奉献精神

一次，一个富翁对牧师说：“我无法体会到幸福。”牧师让他站在窗前，问他：“你看到了什么？”富翁回答说：“人来人往，很是美妙！”接着，牧师又把一面镜子放在他面前，问：“这次，你看到了什么？”富翁回答：“我看到了我自己，很沉闷。”

牧师不紧不慢地说：“单纯的玻璃让你看到了别人和美丽的世界，而镀上银粉的玻璃只能让你看到你自己，是金钱蒙蔽了你心灵的眼睛。你守着自己的财富，却将奉献忘记了，像守着一个封闭的世界。财富很重要吗？我可以肯定地说：是的！但是，我不希望你完全成为金钱的奴隶。心灵的眼睛一旦被金钱所蒙蔽，就只能看见自己而看不见别人了，心中也就没有快乐了。”

这个故事中，如果富翁能够得到启示，主动资助一些处境困难的人，学会奉献，就能从中不断得到快乐，心情一定会变得开朗。财富的意义并不是自己完全占有，如果希望自己能够生活得更好、更幸福，就必须求助于一种更伟大的力量——奉献！

奉献可以使地狱成为天堂！任何一个人都在渴望自己的生存环境能够变得更加美丽，如果都用奉献之心去浇灌这个世界，地球必然会成为一个天堂。

奉献，不仅是一种社会伦理，还是一种让你的人生更快乐的法则。只有懂得奉献的人，才拥有开阔的胸襟，才能真正热情待人，乐于助人，才能在人际交往中永远立于不败之地。如果你真心希望世界成为天堂，那么就没有什么可以阻止你的奉献。

2006 年 6 月 26 日，在纽约图书馆，时年 75 岁的巴菲特宣布，将捐出 375 亿美元用于善款。375 亿美元，是人类有史以来最大的一笔善款，超过世界上许多国家的国内生产总值。更让人感到敬佩的是，巴菲特没有成立以自己名字命名的基金会，而是将这笔巨款捐赠给了比尔·盖茨夫妇基金会，因为他相信盖茨更善于运用慈善基金。

巴菲特对钱财的态度是豁达的。在 2010 年的股东大会上，巴菲特鼓励股东们向他“学习逃税”，就是不妨把财富捐献出去。巴菲特曾经说过：“我总是对伯克希尔哈撒韦公司股东说，我在公司的财富将最终归于慈善……这一举动会让一些人感到惊奇，但对我来说，就好像什么也没有发生。”

富而仁，是许多美国富豪在超越物质需求后的精神追求。比尔·盖茨说：“巨额财富对我来说，不仅是巨大的权利，也是巨大的义务。”用好钱财也是富豪的一种责任。

拥有生命的黄金——奉献

人世间什么最宝贵？雨果说得好：善良！

什么力量最让人震撼？卢梭说：行善是一种无穷无尽的力量！

行善做好事，这是中国传统文化的精髓要义，是中西方文化的共同之点，也是人类文明的坚实基石。因此，要想做个富翁，就要“多做仁义事”，扶贫济困，让自己的善举成为渡人的小舟，成为弱者挡风的围墙。

有社会责任感的人让人敬重，有良心的财富更有意义。靠拼搏创造了财富，是令人羡慕的；然而，在拥有财富之后，不忘自己的责任，主动回报社会，更会令人尊敬。给予别人既是一种快乐，也是一种荣耀，一个成功的企业家应该是大度的慈善家。

2008 年“5·12”汶川大地震后，中国香港、中国台湾的企业、民众齐心协力出钱出力积极赈灾。其中，香港李嘉诚、邵逸夫、李兆基、雅居乐地产五兄弟，台湾王永庆、张荣发、郭台铭，大手笔的捐款温暖了无数民众的心。

在这次台港澳的个人捐款榜中，香港长江实业集团主席李嘉诚荣登榜首。得知汶川地震后，李嘉诚第一时间捐出 3000 万元人民币；之后，又追加 1 亿元人民币，为所有受灾学生支付全部的学费和部分生活费。

奉献，既是生命的黄金，也是处世的法宝，更是为人的本色、立足的根本。在我们的生活中，如果能够多做一些善事，多付出一些爱心，会使人们在生活中感受祥和与温暖。要想让自己早日进入富翁的行列，就要积极做好事，积极奉献！

慈，是人对社会的爱心；善，是人精神上的良知，每个人都要承担属于自己的那份社会责任。一个人生存于社会，应当回报社会；不但要会赚钱，会经营企业，更要担起一定的社会责任感，以清高的人格示人。

要想成为富翁，就要让自己做一个有品牌理念的文化人，有高度责任感的社会人。诚然，拥有财富会令人羡慕。然而，在拥有财富之后，也不能忘了自己肩负的责任，不能忘了回报社会。因为，在拥有比别人更多财富的同时，成功者往往还肩负着比别人更多的责任！

小结

遵守时间，既是对别人的尊重，也是对自己的尊重！

惊奇是人的本性，是隐藏在人体内部的生产力。给别人以惊喜，是最好的推销自己和证明自己的方法！生活中，部分时间都是平淡的，正因为如此，如果你能在平淡的生活中给他人一个惊喜，别人会十分感激你。

人的一生，总要和他人进行交往。在交往中，重视他人是相当重要的。因为重视他人，会给人以力量。

那些被你爱的人，其实和你一样渴望爱。你爱自己了，才会真正去爱别人。一个人如果连自己都不爱了，又怎么能去爱别人？

在漫长的人生经历中，即使他们再忙、再累、再苦，也都不会忽视对知识的渴求，学习既是他们获取知识的途径，也是他们在逆境中的精神寄托。知识是无止境的，学习也应该是不能停止的！

奉献者的收获是一种幸福，一种崇高的情感，是他人的尊敬与爱戴，是自己生命的延续。一个人所能得到的最大幸福、最自由快乐的心境，莫过于无私的奉献。修炼无私奉献的精神吧，它是幸福的源泉！

秘密三

潜意识成交法则

1. 对比法则

对比理论是营销的重大策略

对比是通过差异性使人产生对事物的一种看法。对比营销就是企业通过对比的方式使消费者意识到本企业的产品、服务等存在的优势，进而对本企业的产品产生青睐，达到选择的目的。美国著名心理学家罗伯特·西奥迪尼在《影响力》一书中是这样揭示“认知对比原理”的，“对于商人来说，先将贵重的商品展示给顾客可以赚到更多的钱，如果不这样做，可能会起到相反的作用”。在商业活动中，对比营销已经成为运用频率较高的一种营销方式。

俗话说：“不怕不识货，就怕货比货。”消费者心中信赖的购买方式是货比三家。所以，要想实现营销的目的，就要抓住消费者的心态，那么对比就显得尤为重要。

宝洁公司成功地把对比营销策略应用在产品的宣传中，通过突出产品的某一种或几种特性，使消费者产生品牌共识，进而接受该产品。在介绍新产品时，宝洁公司运用对比策略，表现自身产品的优越性，成功地使产品一经推出就受到消费者的喜爱。

在对新品舒肤佳进行广告宣传的时候，充分运用对比原理，表现香皂的与众不同。它宣扬一种新的皮肤清洁观念——使用香皂要达到祛污和杀菌的双重效果。

通过在显微镜下的对比，使消费者看到使用产品后的皮肤上细菌的大量减少，表现出舒肤佳比其他的香皂更具有杀菌的效果，体现了舒肤佳强有力的除菌功能。同时，又通过“唯一通过中华医学会认可”的说法，来体现该产品在香皂领域的权威性。在这样的对比宣传作用下，消费者从心理上接受了该产品。

这一正确的宣传策略的施行，使舒肤佳的市场占有率占到香皂市场的41%。在对洗发水产品进行宣传的时候，宝洁公司在营销手段上也经常使用对比策略。通过代言人的语言说明使用前后的不同变化，形成对比，突出产品特性。例如，海飞丝广告中叶童说道以前我有……不敢……用了海飞丝后，穿上黑色的衣服也不怕；潘婷广告中汤唯说：“一直觉得头发一旦受损就很难修护，可是潘婷却说不一定，真的吗?”

之后，广告中就介绍了潘婷产品的主要营养成分。然后，通过“要试试才知道”这句话引出使用后“头发真的变得更强韧”。对比营销的运用，使广告营销取得了很大的效果，宝洁的洗发产品因此占据了很大的洗发水市场份额。

宝洁公司在进行营销活动时，广泛地运用了对比原理，向消费者展示出了本产品的突出特性，满足了消费者的需求，受到消费者喜爱，达到了营销目的。运用对比原理，通过对比营销，能够找到消费者的需求点，起到营销的作用。因此，对比原理是营销的重要策略。

巧妙运用价格对比成功营销

有一个美国小女孩，为了拥有一辆自己的自行车，拼命打工赚钱。她用一切空闲的时间去卖饼干，竟然创造了这个公司新的销售纪录——一年时间内卖出去了四万包饼干。

小女孩在推销的时候，并不是直接向别人销售饼干，而是采取对比原理。每次敲人家门的时候，她先自我介绍，告诉他人自己是为了获得一辆自行车，所以打工挣钱，然后再拿出提前准备好的彩票，让人家去买她的彩票。

但是由于她的彩票30美元一张，大多数人都会觉得有点贵，不愿意买，即使很同情她。这时，她就会从口袋里拿出饼干，说："十包饼干2美元，你买吧?"人们觉得这跟彩票比起来，要便宜很多，而且也能够帮助到小女孩，就会立马买下。

就是通过这样的方式，小女孩创下了该公司的销售纪录。

美国、德国汽车先后在国际市场上称霸，作为后来者的日本，面对如此强劲的对手，采用了"对比销售"战略来占领市场。日本人在不亏本的范围内降低汽车售价，劝说美国人购买。美国人看到日本汽车的低价后，决定抱着试试的心态购买，慢慢地他们发现日本车虽然价钱低，但是质量不错，性价比高。通过长时间的坚持，日本依靠"对比销售"取得了一定的业绩，实现了销售的目标，进入了国际市场。

新闻上的一条消息：南昌梅林货运站运用对比营销的方法增加效益。由于煤炭行业不乐观，导致运输不景气。货运站的领导营销小组寻求策略积极应对。他们宣传货运改革后的具体优惠措施，并运用"对比的原理"向货主们计算货运改革前后的价格变化。货主们通过车站人员的对比，发现改革后的铁路运输确实更加实惠，便纷纷选择此种运输方式。

在“对比营销”的积极推广下，使车站运营效益增加，取得了良好的效果。

对上述案例进行分析，可以看出他们都是通过对比原理，而且是价格对比的策略，实现了成功。小女孩通过30美元一张的彩票和十包2美元的饼干的对比，运用价钱上的差异，抓住消费者的购买心理，取得了良好的销售业绩；日本汽车的销售，也是通过价格对比，来体现本产品较高的性价比，吸引消费者购买，经过长时间的努力，打入了国际市场；梅林货运站也是运用“对比营销”的方式，通过货运改革前后的价格对比，表现出当前火车运输的优势，从而吸引货主们主动选择铁路的运输方式。

通过比较两种或几种产品的价格或者功能等，来表现产品的特性，吸引消费者购买，促进消费者与经营者产生共识。广泛地应用价格对比，能够更加突出自身产品的价格优势，使消费者在心中通过对比对产品产生认可，进而购买，起到营销的作用。

灵活运用产品属性对比成功营销

农夫山泉在推出天然水的时候，运用“对比原理”制作广告达到了营销的目的。

农夫山泉设置了一则“水仙花生长对比实验广告”：把水仙花分别养在外表无任何差异的农夫山泉纯净水和天然水中。经过一星期的栽培，出现了令人惊讶的结果。在天然水里面养着的水仙花根部长了三公分，而养在纯净水里面的仅仅长了一公分。通过最后结果的不同，形成对比，表现出天然水的营养成分高于纯净水。农夫山泉用对比广告对比纯净水，引起了媒体的热议，起到了宣传营销的目的，最终奠定了其在市场的地位。

吉利集团新车型吉利远景在正式上市的时候，也是采用了对比的策略。吉利选择的对比对象是丰田花冠的卡罗拉。在经销商安排的两车对比试驾活动中，让消费者感受自身对车的需求。消费者通过试驾对两车动力、操控、油耗、内饰等各个方面进行对比。经过一番测试，试驾的卡罗拉遭遇爆胎，吉利的这一比试活动宣告结束。吉利全面展示出了中国自主品牌的实力，表现出了该车型的特点。

东风日产在推出新车的时候，也是采用“对比理论”通过展示车型，让消费者做出有利于卖方的决定。东风日产在推出新车型颐达轿车时，通过在4S店将自己的汽车产品与竞争对手的车型，如花冠、凯越等进行展示，让消费者试驾。消费者体验后，对比车的性能，从而为特定车型与竞争车型打分，选择自己满意的品牌车型。

通过上述案例，我们可以了解到一个事实就是：这些企业都是运用对比的理论来达到营销的目的。农夫山泉通过水仙花的种植结果不同，来突出天然水的矿物质含量丰富，进而诱发消费者购买；吉利集团通过试驾活动，让消费者自己对比，突出自身车型在性能上的优越性，希望消费者在同类产品中购买性价比较高的产品；东风日产同吉利集团一样，希望消费者通过体验感受车型的不同，从而在同等价位中找到性能优良的车型。

“对比原理”应用于众多的领域。比如，在房地产行业中，很多销售人员总是先带顾客去看环境不好的破房子，然后再带顾客去看环境又好价格又实惠的房子，顾客通过对比就会选择后者。在汽车领域中，厂商为了销售新的车型，会通过新车型与竞争车型的试驾活动，让消费者通过对比选择性能高的产品，以此来赚足消费者的目光，达到营销的目的等。

要想使消费者接受并且主动去购买商品，就要抓住消费者的需求，运用对比理论。通过产品价格、质量、功能等方面的对比，使消费者乐意产生购买行为，达到销售的目的，最终实现营销的成功。

2. 互惠法则

懂得互惠是建立合作的基石

自古以来，商贸交往就是贸易流通，在满足相互需求之间达到利益平衡。企业的领导者是掌握企业命运的人，其经商之道决定了企业的存亡。在商界中，甲乙双方达成合作关系需要相互理解，懂得照顾彼此利益，互惠才能双赢，双方互信才能长久合作。有利可图才会有商机，懂得互惠才能合作，这是经商之道。

美国著名谈判专家费雪·尤瑞明曾经说过：“每位谈判者都有两种利益：实质的利益和关系的利益。”企业家在经营公司的过程中，就是在上演一场场贸易谈判，在个人与对方利益间寻找平衡点。精明的企业家，懂得顾及对方利益，对方愿意寻求合作；愚蠢的企业者，只想自己的利益，没有人愿意合作；更可悲的企业经营者靠欺骗来获利，最终把企业毁掉。

晚清著名红顶商人胡雪岩就很会掌握互惠原则。我们常说同行是冤家，因为有利益间的竞争，大家彼此都有顾虑，不愿相互真诚沟通。这种保守的观念对于企业的经营是有弊端的，生意路会越走越窄。

精明的胡雪岩在商道上敏锐地意识到，同行间不能相互打压拆台，而是要相互关照，这样既不得罪同行，又能相互支持，可以获得更好的发展。胡雪岩做生意，很会拉拢关系。他在开阜康钱庄时，为了消除同行信和钱庄的担忧，向信和表态：自己的钱庄不会挤兑信和钱庄的生意，会另找发展项目，浙江海运局的钱款往来还是按原来的约定由信和钱庄来经营。

这样一来，信和钱庄不是多了一个对手，而是多了一个伙伴，自然疑虑消失，转而真心实意的支持阜康钱庄。在胡雪岩以后的经商生涯中，信和给了他很多帮助，这都要归功于他当初没有抢夺信和的生意。他不但没有得罪同行，而且还博得了同行真诚的好感，在同行业中，胡雪岩的声誉也比以前更高了。

这种通达的手腕逐渐巩固着胡雪岩在商界的地位，并成为他稳站商界的制胜法宝。胡雪岩做事一贯认为不能一点后路都不给别人留，自己一旦失利就会墙倒众人推。胡雪岩不抢同行的饭碗，并不是害怕对手，而是舍去眼前的利益，建立良好的人际关系，扩大关系网，从而在将来为自己带来更大、更长远的利益。

在大自然中，一些动物也会互相关照，友善共存。比如在海洋里，有一种小丑鱼，由于外表漂亮的色彩，使它随时面临危险处境，它需要找到一种可以保护它的生物体。海葵是一种腔肠动物，它的触手中含有有毒的刺细胞，一旦被刺杀，将会丢掉性命，使得很多海洋动物不敢接近它。

虽然海葵不易受到攻击，但由于身体行动缓慢，难以取食，老是为找食物发愁。小丑鱼与海癸的相遇恰恰可以相互关照，形成利益共同体，每天小丑鱼会带来捕获的食物与海葵共享；而当小丑鱼一旦遇到危险时，海葵也会用自己的身体来保护小丑鱼。就这样，它们和谐共存。

在印度，有一种体大又凶猛的犀牛，虽然不易受到伤害，可是眼小近视，生活自理很不便。

恰好有一种叫牛鹭的小鸟，专吃寄生虫，每次它用食时，就会停在犀牛的身上，啄食犀牛皮肤内藏着的寄生虫，这样既安全地解决了吃食的问题，又为犀牛解决了清洁的困扰，长期以来相互依存。

大自然生物互惠关系，也带给我们一些启示，在社会生活中，每个人的能力都是有限的，要学会相互依存，借助别人的优势来弥补自己的不足。

不论是人类还是自然界，都是在互惠的基础上建立友善关系。经商就是一种人际互动，美国社会学家霍曼斯站在商品交换的角度上看人与人之间的互动。他认为，人际交往如同商品交换，符合等价交换的原理。这就是双方要利益平衡，获得利润，都认为合算，愿意交易。互惠的道理，从心理学角度来说，叫做“人际关系的交换原则”。人是自私的，但是在人际互动的时候，更要为对方考虑，这样才能达成合作目的。

懂得互惠，避免贪小便宜吃大亏

商场如战场，这句话听起来有些小题大做，但是如果不懂得商道，不懂得互惠，容易为了小利而吃大亏。互惠互利是经商之道，懂得互惠可以提醒我们遇到一些小利时，要权衡考虑，不要掉入美丽的陷阱之中。

我们生活在社会中，是具有两面性的，不仅要获得，也要付出。如果只想着自己，不顾及别人利益，将会遇到不利处境。历史是一部教科书，前车之鉴，后事之师。在古代，不少君王因为贪图小利而亡国。

据《左传》记载，虞公曾因贪图别人的美玉和宝剑而失去了自己的封国，而且这次亡国与虢国有着千丝万缕的关系。

公元前702年，虢公担任周王朝的卿士，不知什么原因与自己的下属詹父出现了矛盾。作为一国之君的虢公竟然拿自己的属官没有办法，他恶人先告状，在周天子面前诬陷了詹父。但虢公的谎言被詹父当场戳穿，周天子也没办法袒护，詹父就率领军队打跑了虢公。虢公跑到了虢国的邻邦——虞国。

虢公将无数金银财宝奉献给虞公，虞公非常高兴，就收留了他。可是，虞公最喜欢美玉，而虢公的礼物中恰恰缺少这种宝贝，所以虞公又有点闷闷不乐。虢公问明原因后提醒他说："你弟弟不是有一块价值连城的碧玉吗?"虞公说："那是我弟弟最喜欢的东西，他能给我吗?"

虢公问："你是国君，他能不服从你吗?"很快，虞公就跟弟弟提起了这件事，虞叔拒绝了他。可是，很快，虞叔后悔了，虞叔说："'匹夫无罪，怀璧其罪'，我为什么要留恋这块宝玉而招来祸害呢?"接着，虞叔就将宝玉献给了虞公。

不久之后，虞公听说虞叔还有一把宝剑，于是又想占为己有。虞叔没有答应，说：虞公这样贪得无厌，今天要玉，明天要剑，保不准后天要什么。我给了他就会助长他的贪欲，不给就会招来杀身之祸。当断不断必受其乱！于是，虞叔带领亲兵攻打了虞公，结果虞公逃亡到共池。

按道理说，这样惨痛的亡国教训绝对能够警醒虞公的后代，可是令人惊奇的是，47 年后，他的后代竟然再次因为贪图小利成为彻底的亡国奴。

长江实业集团有限公司创始人兼董事局主席李嘉诚是华人首富。他的创业成功离不开他的经营智慧，他不占小利，因为他懂得占小利会吃大亏的道理。在经营的过程中，自己得利，也要让别人得利，这样才会双赢，合作关系才能长久。母亲从小就告诉他，占小便宜不会有朋友。

这句话对李嘉诚影响很大，在他看来，有钱大家赚，利润大家分享，这样才有人愿意与你合作。假如拿 10% 的股份是公正的，拿 11% 也可以，但是如果只拿 9% 的股份，就会财源滚滚来。可见，只有懂得互惠，才能共赢。

常言道：吃亏是福。这是一种人生哲学，更是一种经商智慧。“吃亏是福”是一种具有高瞻远瞩的大战略、大思想，不能舍眼前小利而争取长远大利的商人，注定是无法向前发展的。

财富是无穷无尽的，若想得到更多的财富，就要有互惠互利的态度，钱是永远都赚不完的，更不可能被某个人独享。一心只为私利，得到的只能是小利，不会长久；心胸开阔，顾及对方得失，得到的不仅是利，还有义。

懂得互惠，占据市场

现代社会竞争激烈，让商家更加注重市场的占有。商家在开拓市场的时候，要使用很多策划，很重要的就是靠互惠原则来占据市场。商家与消费者是一对矛盾的组合体，因为商家想从消费者那里得到更大的经济利益，而消费者又想通过更少的投入来得到更实惠的商品。

所有的商家生意都一样，任何销售模式都只是一种手段，最终目的是通过这个手段建立一个庞大重复的消费者群。在消费领域如果有一种商业模式能真的让消费者省钱，又在消费的同时能获得回报，消费者自然都会来消费或营建消费者网络，也就不需要经销商为了提高业绩必须不断地“销售、服务、推荐”了。

21 世纪的今天，经济的快速发展带来了竞争的加剧，传统模式不断受到冲击，迫使人们不得不思索和探讨未来的商业理念模式，去挖掘最先进的模式理念，这种新的理念不仅重视自己本身的产品和服务质量，还要让消费者得到实惠。随着信息技术的发展，网络给社会发展带来新的机遇，促进了商业经济的发展。

现在很多商场设计了积分打折卡，有一些商贸企业建成了打折网站，吸引消费者购物。这也是利用了互惠原则，既让消费者得实惠，又能吸引客流量。还有一些商家搞砍价促销，这也是一种互惠的创新。互惠原则在商业营销中得到了充分利用，受益的不仅仅是企业，也有消费者。

3. 喜欢法则

让客户觉得自己很重要

曾经有一位销售专家说过：“销售是一种压抑自己的意愿去满足他人欲望的工作。毕竟销售人员不是卖自己喜欢卖的产品，而是卖客户喜欢买的产品，他们是在为客户服务，并从中收获利益。”因此，在销售活动中，最重要的不是销售人员自己，而是客户。

“客户至上”，才是销售人员应该遵循的根本原则。能否站在客户的立场上，为客户着想，给客户充分的关注，才是决定销售能否成功的重要因素。

一次，李先生带着妻子驾车前往海南看望亲戚，他们的第一站是他的妻子的姑妈家。面对这个素未谋面的姑妈，李先生希望能找到一些话题好好赞美一下这位迟暮的老人。

李先生仔细打量着面前这所大房子，那是一间独具特色的别墅，和村子的其他房子不同，就好像从别处整个搬过来一样。他问姑妈：“这是建于1890年前后的房子吗？看起来是那么的不同！既漂亮，又宽敞，让我想起了我老家的房子，可是你知道那是远在千里之外的。”

老太太似乎遇到了知音一样，兴奋地回答；“是的，你真有见识。这是我和死去的老伴一同设计的，它是我们爱情的结晶，由当时最好的木匠建成的。”

然后，老太太领着李先生参观了家里的每一个角落，并向他讲述过去的点点滴滴。李先生对他所看到的各式珍藏都给予了很高的评价。当他们走到车库的时候，老太太掀起一块巨大的幕布，映入眼帘的是一辆几近全新的别克汽车。

“这辆车是我丈夫去世前买的。”老太太含着泪说，“当他离我而去之后，我再没有开过它，可是每星期我都会亲自来擦洗，你拥有欣赏美丽东西的心，我将把这辆车送给你。”

李先生婉言拒绝：“您有那么多的亲戚，您还是送给他们吧，我已经有一辆了。”

“送给他们？我宁愿砸了它也不愿意让他们碰一下，他们老早就巴不得我死了，那样他们就可以继承我的房子，还有这里的一切。我只想把他留给你，只有你能够提升它的价值。”

李先生最后不得不接受，他发现如果继续推托下去，只能让老人更加伤心。

这位老人已经是风烛残年，她一个人孤独地生活在这里，所拥有的只是那些法式的床椅、古式的英国茶具、意大利的古典油画……她每天做得最多的就是缅怀她的丈夫。她是那样的孤独，她是多么希望有人能够和她促膝长谈，去赞美和欣赏她和丈夫的一切。她用心经营着“爱巢”，然而丈夫的去世使她更渴望得到一点人性的温暖，得到一声真诚的赞美——可是这已经是一种奢望了。李先生的出现填补了她的这一空白，她感激涕零，甚至不惜将爱车相赠。

如何让人喜欢你？合上书，穿好鞋，整理好你的领带，将自信的笑容挂在脸上，与那些刚刚结识的朋友约会，好好准备一下想说的话题。见面的时候真诚地说一声：“××先生，你好！很高兴你能够按时赴约！”在欢乐祥和的气氛中谈论他的兴趣，让他知道在你心中他是多么的重要。放心大胆去做吧！它们能使你博得好的人缘，让你的人生有新的起色！

真心为客户省钱，而不要只想着自己赚钱

在实际工作中，销售员可能常常会遇到这种情况：当自己带着产品

来找客户销售时，客户却避而不见或找个借口把销售员打发了，有的客户甚至会对别人说："看见没，又来了一个赚我钱的！"坦白说，销售员最直接的目的确实是从客户那里赚钱。但是，如果只想着从客户钱包里掏钱，而不懂得为客户省钱，那么销售的成功率是很低的。

心理学认为，人的本能就是保护自己免受外界的伤害，避免遭受痛苦。而花钱在大部分情况下是一种痛苦，销售员到客户那里想让客户掏钱购买自己的产品，就是在给客户制造压力和痛苦，所以大多数人都会本能地拒斥这种痛苦，尽量避免花钱。

要想从客户那里赚钱，一定要懂得体察客户的心理，多站在客户的角度想问题。你想卖给客户东西，先要想想如果自己是客户，愿不愿意买这东西，质量怎么样，价格是否公道，能够给自己带来什么好处。如果自己能够信服自己的产品，那就证明产品是有吸引力的，是对得起客户的钱的。只有保证这一点，我们在向客户销售时才能有底气。

在与客户交谈时，一定要跟客户站在同一条战线上，讲清楚花钱买了这个产品之后能够给客户带来怎样的好处和快乐。同时，与花钱相比，人们更愿意省钱，所以销售员还要着重强调与其他产品或未购买产品之间相比，能够帮客户节省多少钱。

让客户感觉到你是时时刻刻在替他考虑，而不是一心只想着赚钱，赚完钱就走，这样客户自然会不等你开口就主动掏钱了。

一天，原一平去拜访一位客户。

客户：我目前买了几份保险，是不是应该放弃这几份，然后再向你买一些呢？

原一平：已经买了的保险最好不要放弃。你在这几份保险上已经花了不少钱，保费是越付越少，好处是越来越多，已经过了这么多年，放弃这几份保险实在可惜！

客户：是的。

原一平：如果您觉得有必要，我可以就您的需要和您现有的保险契约，特别为您设计一套方案。如果您不需要买更多的保险，我劝您不要浪费那些钱。

正是这种为客户打算，处处想着客户需要的销售心态，使原一平成了创造日本保险业神话的“销售之神”。

可以说，能为客户着想，是销售的最高境界。当客户意识到销售人员在想方设法、设身处地地给他提供帮助时，通常是很乐意与其交往的，更乐意与其合作。所以，在销售的过程中，只要站在客户的立场上为他们的利益着想，并真诚地与他们进行交流，就会赢得他们的信赖，并使之成为长期而牢固的合作者。

其实，服务意识是可以随时体现出来的，只要我们随时有为客户服务的意识，就能真正地把客户当做自己的朋友，尽力满足客户的需求。这样，也会给客户留下美好的印象，让他们在潜意识中接受你销售的商品。

4. 承诺法则

管好你的嘴

中国人喜欢说“一诺千金”，本意是得黄金百斤，不如得季布一诺。诺就是许诺，诺言。一句许诺就价值千金，比喻说话算数，讲信用。如果自己办不到的事情或者超出自己能力以外的事情，就不要轻易许诺别人。一旦许诺了别人的事情，无论如何也要做到。

2000 年，国内某家知名的电信商投了国外某家公司的标的，并对客户做出了超前完成任务的承诺。但是到了兑现产品的时候，该电信公司却没有生产出来约定的产品。由于此次招标的企业很多，于是公司同对方沟通，建议是否能让其他的企业先进行产品测试，最后再测试该企业的产品，这样，该企业就可以抓紧时间将自己的产品生产出来。

这种事情，若是在国内，经过公司的“公关”，或许能得到对方的谅解，然而对方公司斩钉截铁地拒绝了该电信商的提议。并坚持所有的投标公司必须将所有的样品全部交由自己进行检测并自主决定检测顺序。若企业有合理的理由说明推迟样品的原因，对方也表示理解，并对所有的投标公司都推迟检测时间。最终国内的企业不得不向国外的厂商道歉。此后，该公司再也不敢做出类似的超前承诺了。

或许在我们看来，国外的公司有些过于不通情理。但在对方看来，承诺就意味着履行责任，如果承诺却不履行责任，那么这家公司的信誉就会大打折扣。这不仅是对自己的不尊重，也是对对手和合作公司的不公平。

所以，在交易的过程中，没有什么捷径可以走，关键就是老老实实做人，踏踏实实做事，坚守“一言既出，驷马难追”的信条，给自己赢得一个良好的信誉。

有一个商人过河时不幸船沉了，他抓住一块木板大声呼救。恰好有一个渔夫就在附近，商人急忙喊：“你若能救我，我给你一百两金子。”渔夫于是拼命将富商救上岸。商人心里有些懊悔，为一百两金子心疼，结果只给了渔夫十两金子。渔夫责怪他不守信，出尔反尔。

富翁说：“你一个打鱼的，一生都挣不了几个钱，突然得十两金子还不满足吗?”渔夫只得怏怏而去。

事情还没有结束，后来富商又经过此地时，不小心船又翻了，又高喊救他一命的人可以得到一百两金子，有些岸边的人纷纷要下水救人，恰巧上次被他骗过的渔夫也在场。于是他说道：“这个就是上次说话不算数的那个人。”结果没有一个人去救他，最后商人被淹死了。

或许商人两次船翻是偶然，但他不讲信用导致自己被淹死却是意料中的事情。因为一个人若不守信，便会失去别人的信任。所以，一旦他处于困境，只能坐以待毙。

人无诚信不立，一名企业家若是缺失了诚信，就会失去市场，失去生存发展的机会。企业忽视诚信，短期看自己确实没有损失什么，但会失去最宝贵的东西。从现在的国内市场看，一些非常有名的大企业，曾经风光一时，甚至成为世界五百强，或者成为业内的翘楚，可是因为忽视诚信，现在他们已经垂死挣扎，或已被埋进历史废墟，其根本原因就在于失信于民。

通用电气前 CEO 杰克·韦尔奇认为，诚信是通用公司一百多年来创造的最可贵的“无价资产”，没有什么比坚持诚信更重要。韦尔奇不仅要求员工、下属公司坚守诚信，还要求与之合作伙伴必须这样做，未能履行承诺的就会被终止合同。正是因为如此，通用公司成为了世界上有名的“百年老店”。

为了树立企业的无形品牌，为了企业的健康发展，在与合作伙伴交易的时候，切不可急功近利，答应别人的事情一定要做到，做不到就不要轻易许诺。在任何时候，都要管好你喜欢应承的嘴，否则就会自己砸了自己的招牌。

承诺之后必须做到

有的时候，我们一不小心做出了某种承诺，或者是在自己不得已的情况下做出了承诺，或者只是随便说说，那么这个时候我们还有必要遵守自己的承诺吗？答案是肯定的，说出去的话，泼出去的水，永远都收不回来。所以，即使明知道自己是吃亏的，一旦答应了别人的事情，无论如何也要做到。

很多企业因为不能兑现承诺被迫关闭，而有些国外的企业，明知道因为自己的疏忽而损害了自己的利益，在改正错误的同时，对已经生效的交易单无理由进行了交割。

IBM 一直是用户值得信赖的品牌。然而 2003 年 IBM 韩国公司因为员工的失误，将售价为 1000 多美元的电脑，错误地标价为 83.1 美元。这个价格引起了当地民众的抢购，仅仅一个小时之内，有 100 多名消费者下了订单，直到一个小时之后，员工才发现这个错误。随即，IBM 韩国公司的高层开始出来公关，并允许购买者以 35% 的折扣价购买 IBM 电脑。不仅如此，公司高层还亲自出面向已经下订单的消费者道歉。

无独有偶，2004 年 4 月 IBM 再次发生标错售价事件，其官网上又错误的将价值 100 元人民币的产品以 1 元的超低位价格进行销售，同样引起了网民的抢购。发现问题后，IBM 立即取消“特卖页面”，4 月 12 日，IBM 中国公司公开兑现“1 元特价”。

这两件事情，虽然让 IBM 在经济上损失了不少，却赢得了顾客的尊重与信赖，无形之中给自己做了一份广告，而自己的投入要比在媒体中花费的广告费低很多。

和国外的老牌企业相比，中国的公司不是没有遇到过类似的危机，可是中国的公司第一时间想到的不是以一种诚实的态度面对消费者，或者消费者的谅解，而是一出现危机，就开始推卸责任，四处公关，将责任推卸给员工，推卸给消费者。其后果可想而知，这些公司虽挽回了一时的损失，却弥补不了更大的声誉上的损失，最终在市场竞争中因为一次又一次的“公关”和“推卸”，让自己走向了灭亡。

巴菲特曾经说过：“让公司亏钱我还能理解，但如果让公司名誉受损，那我将毫不留情。”为什么巴菲特如此重视信誉，宁可亏钱也不损害公司的信誉？因为他知道公司要想长期发展，面临着两个利益的选择——短期利益和长期利益，若想取得长期利益，必须不在短期利益上计较过多。否则，就会出现虽然在短期上没有损失，却损失了自己长期的客户。

那些无法履行承诺，却不愿意承担因爽约而造成损失的人，失去的不仅仅是一纸合同，更是一份尊严，一个人的脸面，更失去了别人对其的信任和好感，更会在同行面前失去公信力，在消费者面前失去信任力。

因此，在任何时候，特别是商业行为中，一旦对别人做出了承诺，就必须付诸行动，若是因为自己的原因造成的爽约，就必须主动承担责任，给予对方赔偿，取得对方的谅解，最大限度地弥补对方的损失。

诚信是市场的敲门砖

“人而无信，不知其可”，失去诚信，必将失去生存和发展的空间，失去支撑的力量，失去人格和尊严。只有讲求诚信，才会赢得客户的守约、对手的尊重，才能融入社会。

那么，讲求诚信的人最终会得到什么？从短期看，到手的利益即将失去，势必给自己造成不小的损失，有时甚至会影响企业一段时间的发展。但要想做到百年企业，树立百年品牌，就必须正确处理短期利益和长远发展的关系。

美国波士顿前任市长哈特曾经说过：“诚信是一条自然法则，违背诚信的人是会得到报应的。诚信就像万有引力定律一样，适用于一切领域。”五十年来，他看到90%成功的企业，都是讲求诚信和正直的人，那些不诚信的人迟早会破产。

有一家中国企业和一家法国公司进行了一次交易，由法国公司给中国企业提供一批产品。中国公司按照合同的约定将钱款全部打到法国公司的账户上，在接到法国公司发来的货物之后，中国公司发现法国公司的货物中多了7000万元的产品。中国公司老板善意地提醒对方，并将7000万元的钱款再一次打到法国公司的账户上。法国公司收到钱款后甚为感动，于是给中国最大的优惠：鉴于该家公司的表现，决定今后和该家公司的合作，全部取消定金。并承诺允许该家公司的货物交易款项在货物到达之后付款。

现实生活中，很多人都有自己的“小聪明”，喜欢占些小便宜。为了眼前利益去造假，为了将自己利润最大化，不惜撕毁合同，将自己的产品卖给合作者的对手，将合作者置于不利的境地。在现实生活中，这种不守信的行为虽能够获得短时的优惠或者便利，可是一旦被发现或者再次交易的时候，对方设置的交易条件会非常高。

在商场中，一个不经意的行为，就会给你带来很大的利益或造成很大的弊端。而作为一个大问题，遵守约定看似是一条“迂腐的商业信条”，让你在别人眼里看起来像是一个傻子，但正是这种“迂腐的行为”成为很多企业立身百年的秘诀，也是那些有眼光的企业家寻找的合作对象。

正是因为讲究诚信，成立于1911年的IBM是一个不折不扣的百年老店，翻看一下世界著名品牌公司：德国西门子成立于1847年，高盛集团成立于1869年，爱立信成立于1876年，飞利浦成立于1891年……而这些企业之所以能够屹立百年不倒，前面的例子最好地说明了这个问题。那些商家怎会不选择那些讲信誉的企业，而消费者又怎会拒绝这样的企业。结果之所以会这样，这些企业已经给出了答案。

信用、信誉，包括最终的信任，得到人们的信任，你得到的将是长期的信用和信任。其实在某种程度上来讲，一个人要想获得长久的信用和信誉，实际上要放弃自己的眼前利益，即使这些利益对你目前的经营状况来说是巨大的，你也应该考虑得更长远些。

5. 稀少法则

物以稀为贵

社会上总会出现类似的商品规律，不管是在哪里：大部分人往往不去过多地分析商品的质量、价值，而只是关注商品的价格。于是会出现这样一种现象，就是便宜的东西卖不了，而价格高的东西被一抢而空。

在商品繁多的超市，更加吸引人的是那高高在上的绝无仅有的所谓的珍品，它们总会以一种夺目的方式进入人的视线，以一种唯一的尊贵的方式让人们欣赏。所以人们都会驻足一番，细心赏鉴，不管是买得起买不起，都会畅想自己如果拥有那件商品会是多么的自豪。

在琳琅满目的商场，吸引人的也都是摆放在玻璃橱窗中的珍品，不管事实上它是否真如想象中的那样豪华。

得不到的东西最可贵，买不到的东西最珍贵，世上被称为举世无双的东西才会被天下人所追逐。不管是暑假别墅，还是洋房好车，甚至是学历地位、名誉职称，人们总是在追逐着这些独一无二的物品。

不管是多么珍贵，一旦这种东西能够表达自己心中的那个自我，人们都会想方设法去追逐。

黄金价高，因为时尚的黄金稀少。铂金价更高，因为它比黄金更加稀有。

更有甚者，东西便宜的时候，没人买，贵了的时候，被抢购一空。是什么样的内在本质叫人遵循如此让人诧异的规律呢？

在每个人的内心深处都藏有一个自己是独一无二的念头。这种与生俱来的性格，使每个人都想要追求绝对的唯一。这种人们内心深处的渴望所造成的心理的外在表现就是人们都追求个人特色，用世上唯一的东西来装扮这种独特。

一旦遇到稀缺物品，它很容易变成了人的内在精神世界的最好寄托，为此很多人都会购买那种很少见的东西，如此才能够表达心中对唯一的诉求。

创造出绝无仅有的商品

如果说商场如战场，那么得到最高的利润才是胜利的唯一标志，为了创造最高的效益而进行最大的努力，为了高额利润投入最大的奋斗。首先要为商品的高价格创造条件——绝无仅有。

在日常生活中，许多人买东西的时候都讲究“货比三家”。有些女士在购买物品时，总是要把市区内附近的所有超市、市场走遍，对所有的价格进行比较，然后才决定到底买哪一家的商品。有一回，一位女士想要给自己的女儿买一件品牌上衣，到商场一看，标价720元，于是想要买下来。

朋友赶紧阻止住了她。因为昨天她朋友逛商场时发现，在离这不远处有一家专卖店有同一款式衣服正在促销，价格仅仅需590元钱。不仅如此，买两件还有更大的让利活动。

这位女士根据这件事自己总结出了许多省钱的经验，还常常向亲朋好友介绍说：“买东西就要买物美价廉的，挣钱不容易，我们要学会省钱，才能过好日子。”这位女士的做法事实上大部分人都在使用，这也是大多数百姓的购物妙招。

人们买东西时总是会选择一些商场做比较，都希望用最少的钱买到最好的商品，他们都会为了达到这种心理的平衡，货比三家。这就造成了同类商品往往会出现比价的现象，但是如果制造出了独一无二的商品，就不会给消费者这种能够比较价格的机会了。

人们那时会把更多的注意力转移到商品另外的价值上。人们往往并不很明白商品的实际价值和意义，除了要求商品拥有最基本的使用价值外，接下来就会考虑其审美价值。然而审美价值是没有定论的，通常有两个最为基本的条件决定了这种价值的高低：一是购买者是否喜欢，二是所购买的商品是否唯一。这样的商品会因为其数量极少或者唯一更能够售出更高的价格。

“不管在任何行业，产品往往都会经历价格起伏波动的情况。但最终会随着产业回归理性，比如，中低端珠宝材料市场，它的价格目前就有较大的调整空间。然而高端材料由于本身的资源稀缺特性，反而保值能力稳定，价格依然表现出强劲上升趋势。”

某专家强调：“世上的稀有材料只会越来越少，这种稀缺性造就它未来肯定会继续升值，现在拉动珠宝经济的主动力也是高端材料。去年的北京艺融秋拍上就有一条玻璃种翡翠蛋面项链以 1564 万元成交。”

由此可以看出，商品的稀有很大程度上决定了商品本身的价值。因此，制造生产商品的厂家们尤其要注意生产商品的方式和方法，以及营销的方法。

作为商品生产者，一定要创造商品稀有的首要条件，生产出独一无二的商品。

用数量渲染商品的稀有

为什么物以稀为贵？

从心理学的角度来说，就是人类具有追求与众不同、独一无二的心理诉求，都希望能够通过世上绝无仅有的稀有物品来使自己在人群中更加突出，彰显自己在社会人群中的地位。

如果以古代皇族为例，为什么将黄色作为至高无上的权力的符号呢？又是为了什么使用金子制作皇冠呢？原因很简单，在自然界中，黄金的存有量比较少，并且存储时间较长。所以，黄金更加符合贵族皇帝的这种追求与众不同的要求。

从经济学角度说，其实可以从实际需求入手分析：我们可以考虑一种极端情形，比如，世界的淡水资源耗尽，全世界只剩下了最后一桶水，那么，这桶水的售价绝对会高，绝对要比现在的任何一桶水售价都高。所以东西越稀有，人们对它的需求越强烈，就会导致价格越贵。

砖石之所以是世界上最贵的石头，并不是因为其真如想象中的相当少，而是被某些国际公司控制矿源，每年只会放出少量的砖石，所以造成了一个十分稀少的假象。

2006 年，冬虫夏草的市场价格上升速度十分快。有时一个月就涨一次。

普通“选草”价格已经足以让人“心寒”，优质“选草”的价格就更让人吃惊，目前每千克的价格已经突破 5 万元。冬虫夏草价格向来只有涨没有降，而且还会继续涨上去！这是许多供销商相同的“市场预测”。

是什么原因导致其价格飞速上涨？首先，冬虫夏草产量少，而且不可人工养殖，随着西藏、青海等产区多年来的掠夺性采集，冬虫夏草的资源日渐减少；其次，每到收获季节，一些大财团到产区大量高价收购，囤积居奇，再高价投放市场，这也导致冬虫夏草在批发这一环节价格就已居高不下。

在冬虫夏草重要产地青海玉树藏族自治州，原先一个劳动力一天可以挖到上百根虫草，一个采挖季结束全家可以收入十几万元甚至几十万元，然而近些年，一天挖到 10 根虫草的人已经很少见。

可见，正是由于冬虫夏草数量的稀少而导致其价格的飙升。

6. 群众效应

掌握羊群效应，事半功倍

有这样一则笑话：

一个石油商人到天堂去参加石油商人的聚会，推开大门后豁然发现天堂会议室内座无虚席，他自己根本无落脚之处。于是他灵机一动喊道："最新消息，地狱中发现了富油层，大家赶紧去啊！"说完后，与会的其他石油商人彼此看了看。

这时候有一个人按捺不住，站起身来跑了出去。他跑出去后，不多久又站起第二个人紧跟着跑了出去，随后这些石油商人相继纷纷站立起来向外跑去。

这位石油商人看着汹涌而去的人群自言自语道："难道地狱中真的发现石油了？"想到这，便迅速转身向地狱奔去！

心理学中，把这种现象称为"羊群效应"。羊群效应是指，群体中有一个体的行动为其余个体无目的性模仿和跟随的行为，就好比羊群中无目的盲目跟随羊头的道理一样。

从消费者角度看，羊群效应主要体现在消费者和卖方之间的信息不对称，这种信息不对称将导致消费者对厂家产品的盲目性。

在销售中，可以利用一种从众成交法，利用人们随波逐流的从众心理，创造出争相购买的气氛，来促成顾客迅速作出购买决定的销售方法。

一个品牌要想撬动市场快速获得消费者的认知，最有效的方法之一就是利用这种羊群效应，在区域中找到和发现本产品的消费者并从中发掘出意见领袖，这些意见领袖就是所谓的羊头，有了他们对产品的体验和感受，那么对于该产品在该区域的销售将起到极大的牵动作用，迅速融化消费者心中的坚冰，打开局面。有了他们的经验，才容易使消费者认同这个产品并愿意购买。

那些被亲朋好友或专业人士使用过并评价为好产品的品牌就是消费者心目中最好的品牌，既可以降低他们采购的价格风险，也可以降低他们使用的风险。所以，有的时候，品牌传播和推广中有效地抓住重点客户作针对性的推广，会取得事半功倍的效果。

利用从众心理，吸引客户注意力

社会心理学研究表明，从众行为是一种普遍的社会心理现象。这种行为既是一种个体行为，也是一种社会行为；既受个人观念的支配，也受社会环境的影响。顾客在买东西的时候，不仅仅会考虑自己的需要，还会顾及社会规范，服从于某种社会压力，以大多数人的行为为参照。

“从众”是一种比较普遍的社会心理和行为现象，也就是人们常说的“人云亦云”“随波逐流”。大家都这么认为，我也就这么认为；大家都这么做，我也就跟着这么做。从众心理在消费过程中也是十分常见的。因为人们一般都喜欢凑热闹，当人们看到别人成群结队、争先恐后地抢购某商品的时候，也会毫不犹豫地加入到抢购大军中去。

由于人的消费行为既是一种个人行为，又是一种社会行为，既受个人购买动机的支配，又受社会购买环境的制约，个人认识水平的有限性和社会环境的压力是从众心理产生的根本原因。因此，顾客会把大多数人的行为作为自己行为的参照。

这种心理当然也给销售人员销售自己的商品带来了便利。销售人员可以吸引客户的围观，制造火爆的行情，以吸引更多的客户的参与，从而制造更多的购买机会。

日本著名的企业家多川博，因成功地经营婴儿尿布，使公司的年销售额高达近百亿日元，并以20%的递增速度的辉煌成就而一跃成为世界闻名的“尿布大王”。

在多川博创业之初，主要销售雨衣、游泳帽、防雨斗篷等日用橡胶制品。但是由于其公司泛泛经营，没有特色，销量很不稳定，曾一度面临倒闭的危险。在一个偶然的机会，多川博从一份人口普查表中发现，日本每年约出生250万婴儿，如果每个婴儿用两条尿布，一年需要500万条。于是，他们决定放弃尿布以外的产品，实行尿布专业化生产。

他们生产的尿布采用新科技、新材料，质量优良。公司花了大量的精力去宣传产品的优点，希望引起市场的轰动。但是在试卖之初，基本上无人问津，生意十分冷清，几乎到了无法继续经营的地步。

面对困境，多川博万分焦急，经过冥思苦想，他终于想出了一个好办法。他让自己的员工假扮成客户，排成长队来购买自己的尿布。一时间，公司店面门庭若市，几排长长的队伍引起了行人的好奇：“这里在卖什么？”“什么商品这么畅销，吸引了这么多人？”

就这样，营造了一种尿布旺销的热闹氛围，从而吸引了很多“从众型”的买主。随着产品不断销售，人们逐步认识了这种尿布的优越性，买尿布的人越来越多。后来，多川博公司生产的尿布出口国外，在世界各地都畅销开来。

可以说，多川博公司的尿布的畅销就是利用客户的从众心理打开市场的。由于尿布的质量好，在被客户购买后得到了认可，因此销售最终还是以质量赢得客户的，而利用其心理效应只是一个吸引客户的手段。

客户在消费过程中的从众心理有很多的表现形式，而从众心理就是其中一种。例如，现在很多公司、商家的产品都会花高价请明星来代言做广告，以引起客户的注意和购买。一般来说，当一个人没有主张或者判断力不强的时候，就会依附于别人的意见，特别是一些有威望的人物。当某商品被提及某伟大的人物曾经使用过，或者某名人对其评价不错时，就会引导客户的意愿，使其顺利购买。

小结

广泛地应用价格对比，能够更加突出自身产品的价格优势，使消费者在心中通过对比对产品产生认可，进而购买，起到营销的作用。

人际交往如同商品的交换，符合等价交换的原理。这就是双方要利益平衡，获得利润，都认为合算，愿意交易。

与花钱相比，人们更愿意省钱，所以销售员还要着重强调与其他产品或未购买产品之间相比，能够帮客户节省多少钱。

如果自己办不到的事情或者超出自己能力以外的事情，就不要轻易许诺别人。一旦许诺了别人的事情，无论如何也要做到。

一遇到稀缺物品，它很容易就变成了人的内在精神世界的最好寄托，为此很多人都会购买那种很少见的东西，如此才能够表达心中对唯一的诉求。

销售人员可以吸引客户的围观，制造热闹的行情，以吸引更多的客户参与，从而制造更多的购买机会。

秘密四

公众演说的关键

1. 定位差异

形成自己的讲话风格

讲话，对于演讲者来说，既是工作所必需，也是个人成长所必备。能不能讲出水平、讲出效果，是不是讲真话、说实话，既可以反映出演讲者能力素质的强弱，又能影响到演讲者的人格魅力和亲和力。

俗话说得好，言为心声。演讲的背后有感情，有思想，蕴含着才干和作风。“白圭之玷尚可磨，斯言之玷不可为。”如果演讲者演讲的内容空话多、套话多，就会陷入形式主义。

有的演讲者“讲不到点子上”，讲的话听众不爱听、不愿接受。有的演讲者喜欢高高在上、颐指气使地教育别人，讲起话来漫无边际，一点新意都没有。缺少群众语言，缺少真知灼见，缺少理解沟通，必然会失去群众基础。

要想体现自己的演讲风格，就要讲听众爱听的话，讲对听众有用的话，反映出自己的真情实感，表达出自己的真知灼见。

形成自己的讲话风格，需要勇气和力量，有批评和自我批评精神。演讲者只有经常不断地把不好张扬的事情拿出来“抖搂抖搂”，即使是小范围的“说道说道”，对问题的解决也是有好处的。

“君子之心常泰，小人之心常劳!”只有多讲自己的缺点和不足，才能自尊自爱，才能成敬畏之行，才能在原则问题上堂堂正正，在友情问题上道义分明……如此演讲，才能心底坦荡，增强自己的人格魅力，让人信服你。

演讲语言要符合自己的身份

在演讲的时候，要想充分发挥语言的影响力，就要正确认识自己的角色，使用符合自己身份的语言。在和他人打交道的过程中，要用自己的语言有效影响和改变交谈对象的心理和行为，使其接受自己的观点。

二十多年前，有家工业企业的考察团去日本进行考察。考察结束后，很多人打算用剩下的几天时间看看日本的风光。一天，一行人在一家商场购物后，乘坐公交车回宾馆。在公交车上，因为座位的问题，他们和一群年轻人争吵了起来。

虽然彼此都听不懂对方在说什么、骂什么，可是都情绪激动。就在他们吵得不可开交的时候，一位日本老人从座位上站起来，走到那群年轻人面前，用严厉的语气训斥了几句。令人意想不到的事情发生了——那些年轻人立刻安静了下来。

考察团对老人的行为表示万分感谢，可是他们却有点想不明白：一位普通老人怎么能用简单的几句话就将一群情绪激动的年轻人训斥得服服帖帖，难道他们认识？

回到宾馆之后，翻译人员为大家揭开了其中的谜团。其实，那位老者只说了两句话："人家是客人，我们作为主人怎么可以这么没礼貌！快点给我安安静静地坐好，别再撒野！"听了翻译人员的话，考察团更是丈二和尚摸不着头脑，这几句话有什么不寻常？

其实，老人说的话确实没有什么不寻常，只不过老人教训年轻人的语气严厉，且底气十足。日本人都非常尊重老人，愿意遵循老人的教导，所以那位老人靠着年龄赋予自己的社会地位，再加上和身份相符的语言，才能色厉内荏地对一群不认识的年轻人进行训斥，使他们安静下来。试想一下，如果老者对年轻人和颜悦色地进行教育，恐怕效果就会差很多。

这就告诉我们，强迫式语言的影响力，可以收到立竿见影的效果；述说符合自己身份的语言，能起到事半功倍的效果。

还有一种影响力叫做“非权力影响力”，指说话人只要依靠自己的个人素养，包括品行、声望等就会形成一种影响力。要想充分发挥语言的影响力，让听者信服，就要正确认识自己的角色，使用符合自己身份的语言来实现对谈话对象的影响，只有这样才能让自己说的话有分量。

演讲要切合自己的性格

每个人的性格都是不一样的，比如，有的人稳重练达、有的人天真烂漫、有的人谦虚谨慎、有的人机警灵活等。如果你是一个性格内向的人，最好把稳重的深思熟虑的特点带到你的演讲中，用自己对问题的态度来说服听众。

如果你是一个性格外向的人，最好把直爽豪放、开诚布公的特点带到演讲中来，以洋溢的情感来感化听众，抓住自我，认识自我，发挥自我的长处，创造出自己的个人风格。

善于演讲的人都能根据自身条件扬长避短，最后形成自己独特的风格。鲁迅先生是我国伟大的思想家、文学家，善于哲理性的思考，他的演讲就一直保持了这种风格，分析深刻，幽默诙谐，富有哲理。只要我们长期总结、修正、积累，也会形成自己的独特风格。

2. 巅峰状态

用有声语言为演讲添色

每次演说之前，你都要进入巅峰状态！演说首先是能量的感染，信心的传递！当你大声说话，并用坚定的手势去演说的时候，你就会慢慢地进入巅峰状态！

（1）停顿

演讲中的停顿，就像音乐中的休止符，可以产生此声无声胜有声的效果。

①表示强调

演讲者如果想表示强调，可以通过停顿来完成。比如：有一个最简单最基本的道理，那就是无论做什么，爱（停顿）是最主要的。爱（停顿）事业、爱（停顿）生活、爱（停顿）你每天所从事的工作，唯有如此，你的事业才会蒸蒸日上。

②表示强烈感情的地方

比如，连牲畜中的羊（停顿）都有跪乳之恩，乌鸦（停顿）还有反哺之义，如此忘恩负义，如此虐待老人，岂不是连禽兽（停顿）都不如吗？

这段演讲词以一种不屑的语气，谴责了虐待老人的不道德行为。在“羊”“乌鸦”后面运用停顿，作为比较的参照物，肯定了动物尚且知道尊敬父母；“禽兽”后面的停顿，与上面两个停顿形成了强烈的对比，表达了一种严厉斥责的态度。

③给听众留下思考的时间

比如，谁是强者，谁是弱者？（停顿）要回答这个问题，我们首先要弄清楚，何为强者，何为弱者？（停顿）有人说，强者是力量的象征；有人说，强者是智慧的化身；有人说，强者就是胜者。

演讲中，问句后面经常会出现一个时间较长的停顿。这样可以引起听众的注意，让他们思考，为下文的阐述做心理上的铺垫和准备。

④表现情绪的时候

一位工程师的母亲病危，他忙完了工地上的事情来到医院，可是母亲已经去世，遗体刚刚送走。老人家已经走了，他在做报告时说：“我简直不能接受，没有办法，我没有办法（停顿）……就在两个小时前母亲还打电话给我……”

（2）语速

演讲语言的表情达意，语言速度是一个关键因素。

①从情景场面来看

在表达紧张激烈、凶险危急、急剧进展等情感的时候语速要快一些；在表达宽慰欣释、沉重哀痛、悲观失望等情感的时候语速要慢一些。从情绪心境来看，表达兴奋激动、骇怪惊异、胆战恐惧等心情的时候语速要快一些。

比如，多么庞大而又令人惊叹的数字！它像一条毒蛇吞噬着我的血液，为什么当外国的航天飞机飞上太空的时候，家乡的那片黄土地还是一无所获？为什么当祖国的大江南北高奏改革进行曲的时候，我的家乡还是那样一贫如洗！

②从主观态度来看

对某种现象进行抨击谴责、鄙夷蔑视的时候语速要快一些；坦诚相待、犹豫不决的时候语速要慢一些。

比如，同学们，朋友们！往事不堪回首，这漫漫十年，我们被一再愚弄，葬送了青春。我们呼口号唯恐不响，背语录唯恐不熟，跳忠字舞唯恐不像……愚昧啊，愚昧！这不只是少数人的愚昧，而是整个民族的愚昧！耻辱啊，耻辱！这不只是少数人的耻辱，而是整个民族的耻辱！还有比这更可怕的吗？还有比这更可悲的吗？

③从语言修辞来看

排比句的前面要慢，后面几句要快。

比如，是啊，当祖国贫穷的时候，他的人民就挨饿受冻；当祖国弱小的时候，他的人民就受辱被欺负；当祖国富裕的时候，他的人民就快乐幸福；当祖国强大的时候，他的人民就昂首挺胸！

④从表达方式来看

描绘、抒情的语言要舒展缓慢，议论说理、直抒胸臆、痛快淋漓则语速较快。

比如，多少年的苦艾，多少年的野禽，多少年的无名草，清瘦的山坡依然是那样干涸；多少年的草绿，多少年的麦黄，多少年的太阳照，枯瘠的黄土地还是那样焦黄！我是属于大山的，山里的人养育了我，山里的水沐浴了我。我忘不了那支古老的芦笙曲，我忘不了那首凄凉而悲壮的苗歌，更忘不了家乡父老对我的殷殷希望！

（3）重读

演讲中，为了表情达意的需要，可以把句子中的某些词的读音相对加长。

①表示强调的地方

比如，人民养育我，人民呼唤我，滴水之恩，当以涌泉相报！我是小草，就要为大地吐出新绿；我是儿女，就要向母亲献出忠诚！生我是这块土地，养我是这块土地，我热爱这块土地！这里，是我们理想扎根的土坡，这里是我们施展才华的地方！青春在这里闪光，财富在这里创造，希望在这里孕育，幸福在这里增长！

②肯定的地方

比如，无论何人，包括在座的每一位，你都可能，而且一定能够成为强者。朋友们，不能再犹豫了，难道迷惘的昨天，还得搭上一个遗憾的今天和彷徨的明天？

朋友，明天在向我们挑战，那里有无限辉煌的前程，有奋斗的原野，也有理想的宫殿，拿出青春的热情，去开创一个缀满百花的大花园！不必依赖于大自然的恩赐，不必祷告上帝的保佑，发挥你青春的热情，以真诚的情感，去追求和拥抱明天。

③使用比喻的地方

比如，几个碎步以后，他旋风般地向横杆猛冲过去。他的助跑如骏马奔腾，踏跳似雄鹰凌空，以闪电般的速度，漂亮的鲤鱼翻身，一跃而过横杆。

④夸张的地方

比如，他干出了惊天动地的事业吗？没有！但他在平凡的岗位上，每分每秒都在创造，在劳动。

⑤强烈感情的地方

比如，这军礼，是奔赴沙场的壮士拼死的决心和必胜的信心，在向生养他们的土地宣誓，在向解放这块神圣土地的先烈宣誓，在向勤勤恳恳耕耘和劳作在这块土地上的父老乡亲们宣誓。

有了这钢铁的誓言，有什么强敌不可战胜？有了这钢铁的誓言，什么样的险峰不能攀登？有了这钢铁的誓言，什么样的艰难险阻不能超越？

一种从未经历过的思潮在每个人的心头奔涌，一个庄严的旋律在车厢中升腾，再见吧。妈妈，假如我在战斗中牺牲，你会看到盛开的山茶花！假如我在战斗中光荣牺牲，山茶花会陪伴着妈妈。这一切，汇成一个时代的最强音，祖国啊！请相信你的儿女吧！

用肢体动作表达强烈的情感

兴奋会传染，如果你在演讲的时候让大家感受到你的兴奋和喜悦，那么听你演讲的人和你身边的人，也会和你一样兴奋，甚至更加兴奋的回应你。为了表达这种兴奋之情，可以用肢体动作传达出来。比如，手势。演讲中，常见的手势动作有：上举（抬）、下压和平移、斜劈（挥）等几类。在设计手势动作时要遵循以下原则：

（1）弄清楚褒贬的含义

如果想表达积极意义，比如，希望、肯定等，演讲者可以将手向上、向前、向内；如果想表达消极意义，比如：批判、否定等，演讲者可以将手向下、向后、向外。手势动作范围大致可以划分为三个区：上、中、下，分别表示褒、中、贬三种感情。比如，号召性的动作，通常都出现在胸部以上的区域；一般强调性的动作，绝大多数都安排在胸前区域；而鄙视、贬斥性的动作，则会在胸部以下的左右侧。

（2）把握动作的情感分量

一般来说，单手的分量比双手轻一些，当配合演讲内容情绪设计动作时，有经验的演讲者一般都不会将双手同时进行大幅度动作安排在演讲前半部，随着一个个的小高潮，动作幅度会逐渐加大。另外，拳式动作和掌式动作的含义是有差别的。拳式动作往往强调动机、决心，而掌式动作往往是动机和效果同时兼顾。如“不达目的，誓不罢休!”

（3）动作要成套

演讲的过程中，哪里要有动作，有什么样的动作，动作幅度多大，都需要密切结合内容进行通盘考虑。在7分钟的演讲时间里，通常5～7个动作（由小到大）即可。

演讲时，演讲人的面部表情也很重要

从某种意义上来说，演讲是一种信息表达。

面部表情，是通过面部肌肉姿态的变化，来表达思想感情的行为过程。我国演讲理论家邵守义说过：“脸部是心灵的镜子。这面镜子是由脸的颜色、光泽、肌肉的收展，以及脸部的纹路所组成的。它以最灵敏的特点，把具有各种复杂变化的内心世界，如高兴、悲哀、痛苦、畏惧、愤怒、失望、忧虑、烦恼、报复、疑惑等最迅速、最敏捷、最充分地反映出来。”

研究发现，人的面部肌肉组织是由24双肌筋交错构成的。这些面部肌肉组织所产生的感情表现，不受国界、地区、人种的限制，是通行的一种交际手段。面部表情的语言艺术，主要是靠脸、眉、口、鼻四部分来表现的，协同行动，共同表演，形成了一个整合形象。

在演讲时，表情的产生首先来自演讲的内容。同时，表情还取决于演讲当时的具体情况，取决于听众和管理者本人的情绪，取决于当时充溢着领导者的感情。

面部语言是人的情绪变化的寒暑表！人们的情绪变化，往往在面部上都要有所表现。人们能够清晰地感受到演讲的内容，并在大脑皮层的有关区域产生优势兴奋中心，在演讲者与听众之间产生心理共鸣，收到良好的效果。

当演讲者在对某一事物表示不以为然和轻蔑时，往往脑袋稍偏、嘴角斜翘、鼻子上挑；当演讲者感到诧异和惊讶时，往往口张大、眼瞪开、眉挑高；当人们心情愉快时，往往活泼好动、喜形于色，甚至手舞足蹈……

面部语言是一个人心理活动的反映，有什么样的心理活动，就会产生什么样的面部表情。因此，在演讲的时候一定要注意自己的面部表情，时而含笑，时而微笑，时而现出深沉……喜怒哀乐要同内容保持一致，要同观众或听众的情绪融合到一起，为成功的演讲奠定感情基础。

3. 全力以赴

做事要全力以赴

在做事情的过程中不可能一帆风顺，总会遇到这样或那样的困难。这些困难就像是一座座山峰，如果不全力以赴地去攀登，只能在山脚下哭泣。只要我们保持满腔热情，全身心地投入到工作中，就会轻松跨过。

一天，猎人带着自己心爱的猎狗去丛林中打猎。猎人瞄准一只兔子后扣动了扳机，可惜只打中了兔子的后腿。受伤的兔子拼命逃跑，猎狗在后面穷追不舍。

可是没一会儿工夫，兔子就不见了踪影，猎狗只好回到猎人身边。猎人责骂猎狗："你怎么这么笨啊，连一只受伤的兔子都追不到！"猎狗听后很不服气，说："我已经尽力而为了！"

兔子回到洞里，说起了自己险象环生的一幕。家人都围过来，问它："猎狗那么凶，你又负伤了，怎么能逃回来呢？"兔子说："它是尽力而为，而我是为了活命不得不全力以赴啊！"

生活中，有些人做事情遇到挫折后，总会找理由为自己开脱。他们说得最多的一句话就是："我尽力了"，因此而原谅自己。结果，失败也就成为了他们的常客！

对想要完成任务的人来说，尽力而为是远远不够的，他们需要的是全力以赴！在职场中，总有人抱怨自己的业绩不突出。与其抱怨，不如静下心来想一想，"自己在解决问题时想尽所有的办法了吗？""自己是否真的做到了全力以赴呢？"

实际上，很多人失败就是失败在做事不全力以赴。不管你如何想提高工作业绩，如果不改变敷衍应付的工作作风，等待自己的只有失败。只有全力以赴，才有可能出色地完成工作和任务。

上台时，要全力以赴地去演说

上台的时候，要全力以赴地去演说，绽放生命的能量和智慧！

演说的时候，绝对不能三心二意，一定要全力以赴，如果你漫不经心，浪费的是无数人的时间和生命！比如：你讲两个小时，面对 1000 人，如果你随便讲，那你就浪费了 2000 多小时别人的时间。演说家的责任重大，不要浪费任何上台的机会，每次上台都要全力以赴！

记住：永远要全力以赴地去讲，你的收获将是最大的！观众会感动和感激你的付出！人生就是一个大讲台，你每时每刻都要全力以赴！不管听众有多少，都要用心去讲，这样你的观众就会越来越多！

当你走上讲演台时，应该充满对讲演的期盼。轻快的步伐也许大部分是装出来的，却能为你创造奇迹，会让听众觉得你有强烈的愿望要谈这件事。

讲话前，再深深吸一口气，告诉自己，你现在就要给听众讲一些有价值的事情，因此你全身每一部分都应该清楚无误地让他们知道这点。如果可以把声音传到大厅的后方，这样的音效会让你更有信心。

以逸待劳，让自己的大脑休息一下

如果你希望将自己的最佳水平发挥出来，必须有充足的休息。疲倦的演讲者是没有吸引力的。千万不要犯最常见的错误：把准备和计划工作一直拖延到最后一分钟，匆匆忙忙赶着进行，想找回失去的时间。如果这样，不仅会损坏身体，还会引起头脑的疲乏。这种可怕的东西，会拖累你，削弱你的活力，让你的头脑与神经同时变得虚弱。

如果你打算在四点钟向听众发表一个重要的演讲，就应该先吃一顿午餐——有时间还可以小睡几分钟，恢复精神。演讲之前的休息是需要的，不管是精神或肉体上都需要。

发表重要的演讲之前，还要注意不要吃得太饱，只要稍稍吃上一点就行。每周日下午五点，亨利·毕丘往往只吃一些饼干、喝点牛奶，不再吃其他任何东西。墨芭夫人说：“如果准备在晚上演唱，我就不吃午餐，只在下午五点时吃一点儿鸡肉，或鱼肉，或甜面包，一个苹果和一杯水。所以每次从歌剧院或音乐厅回家后，都发现自己饿得不行了。”

不可否认，墨芭夫人和毕丘的做法都很明智！经验表明，当你吞下饭前的酒和汤，以及牛排、炸薯片和沙拉、蔬菜、甜点，然后要站上一个小时，不但不能达到最佳状态，也不能让演讲得到尽情的发挥。原因就在于，本来应该输送到脑里的血液，全集中到了胃里和牛排、炸薯片“战斗”去了。

4. 调动情绪

努力获得听众的认同

前西北大学校长华特·狄尔·史柯特说：“凡是进入了头脑的意见、概念或结论，都会被认为是真实的，除非有相反的理念阻碍，那另当别论。”其实，这就是说要坚持听众赞同的思想。

人的心理都有这样一种趋势：当一个人诚心实意地说出“不”字时，他所做的不仅仅是一个由横撇竖点组成的字。他的整个身体——腺体、神经、肌肉——都会把自己包裹起来进入一种抵抗之中，整个神经、肌肉系统都戒备起来抗拒接受。

相反，当一个人说“是”时，整个身体就会处于一种前进、接纳、开放的状态。所以，如果在一开始我们就能获得越多的“是”，便越有可能成功地抓住听众的注意力，为演讲的成功铺路。

怎样一开口就获得希望的“赞同反应”呢？很简单。看看林肯是如何说的：“我展开并赢得一场议论的方式，是先找到一个共同的赞同点。”他甚至在讨论高度紧张的奴隶问题时，都能找到这种共同的赞同点。一家中立的报纸《明镜》在报道一场他的演讲时这样叙述：“前半个小时，他的反对者几乎会同意他说的每一个词。然后，抓住这一点开始领着他们走，一点一点地，到最后就似乎已经把他们全引入了自己的栏圈里。”

演讲人与听众争辩，只会引起他们的固执，让他们变得死命防守，几乎没有可能改变他们的思想。如果你说：“我要证明这样是否明智。”听众会认为这是一种挑衅，继而反驳：“那咱们走着瞧！”

开始的时候，要强调一些所有听众和你都相信的事情，然后再举一个适合的问题，让听众愿意听。这时，你再带着听众一起去追寻答案。在这个过程中，可以把你十分清楚的事实陈列在他们的面前，他们就会被你引领，进而接受你的结论。

用富有感染力的热情发表演讲

演讲者用饱含感情和感染力的热情来讲述自己的理念时，听众通常是不会产生相反的理念的。演讲中，要想说服别人，动之以情比晓之以理效果更好。

要激荡起情感，自己必须先热烈如火。即使一个人能够编造精微的词句，能收集多少例证，声音有多和谐，手势有多优雅，如果不能真诚讲述，这些都会变成空洞耀眼的装饰。

要想给听众留下深刻的印象，自己就应该先有深刻印象。你的精神是从你的双眼里迸发出来的光彩，从你的声音中四面回荡，当你的态度能够自我抒发时，便能与听众成功沟通。

演讲中，如果你的目的是说服对方，你的行为就会决定听众的态度。如果你态度冷淡，他们会同样回敬你。“当听众们昏昏睡去时，”亨利·华德·毕这么写，“只有一件事可做：给招待员一把尖棒让他去猛刺演讲者。”

调动听众的情绪，创造和谐的氛围

六一儿童节上，校长打算给孩子们做一次演讲。这是一所“贵族学校”，学生的家庭条件都比较好。可还没等他开讲，台下的孩子们便唧唧喳喳地说个不停。校长看到情况不太好，大声喊了几句，仍然不见孩子们安静下来。

于是，校长招呼一个老师，将电闸关掉，礼堂突然漆黑一片，孩子们也随之安静了下来。这时候，校长“啪”的一声打开了幻灯机，屏幕上出现了那张有名的“大眼睛”照片。

孩子们的兴趣被激发了出来，校长突然提问道：“同学们，你们家里有没有照相机？”下面的孩子齐声回答：“有！”校长又问：“你们会不会照相？”部分同学又一起回答：“会！”

这时，校长指着下面的一位同学问：“请你说说看，照相有什么样的意义？”那个孩子站起来，回答说：“留着做个纪念。”

校长说：“好！作为留念——那就请大家看看，老师给这些山里孩子们拍的留念照片吧！”然后，校长开始放映一张张的照片，介绍有关失学儿童的故事。这样，校长既抓住了同学们的注意力，又营造出一种与演讲内容相适应的肃然气氛，激发了学生对贫困学生的关注和同情心，促使他们更加热爱自己的学校、珍惜现在的上学机会。

校长利用讲述照片来历的故事，制造出一种严肃安静的气氛。要营造气氛，演讲者必须从演讲的主题出发，结合现场的具体情景，针对听众此时此刻的心态和情绪，灵活地调动种种语言手段。只有这样，才能与听众形成某种情绪上的互动和共鸣。

（1）用呼告语引发激情，营造出热烈呼应的气氛

法国大革命中，有一个女保皇分子，利用给大革命领导者马拉洗浴治疗皮肤病的机会，潜入到浴室里将其杀害了。事情发生后，一个名叫希罗的人发表了演讲，演讲中他大声疾呼："大卫，你在哪里？你给我们留下了为祖国献身的列比里契埃的形象，现在，该再画一幅出来！拿起你的画笔吧，为马拉报仇！让敌人看到马拉被刺时的真实情景而发抖！这是人民的要求！"希罗这一呼吁，立即引起强烈的反响。

演讲中，希罗使用了"呼告"语，他用第二人称发出这种呼吁，给听众一种身临其境、直接交流的感染力，牵动了听众的神经，引发了他们直接参与交流活动，营造出了一种热烈呼应的气氛。

（2）用宣誓词激发崇高感，营造出庄重肃穆的气氛

罗斯福在第四任就任总统的"就职演说"中，沉稳地说："今天我站在这里，在我的同胞面前，在上帝面前，庄严地宣誓就职。我知道，美国的目标就是：永不言败！"

这样的宣告，这样的誓言，同当时庄严的场合相吻合，自然会营造出一种肃穆的氛围，给听众强烈的心灵震撼，激发起他们内心深处的一种崇高的情怀。

（3）用反诘句引发震撼力，营造出严肃自省的气氛

在一次关于"孝道"的演讲中，一位青年在演讲中对听众大

声说："今天，在这样一个特殊的场合，请允许我冒昧地反问各位一句：'你对自己的父母尽到做儿女的责任了吗？你把自己的一片孝心奉献给为人父母者了吗？'"

演讲者抓住一个普遍的社会现象，连续使用了反问句式，产生了很强的震撼力，容易引起听众的共鸣，营造出了一种促人反躬自省的严肃的反思气氛。

（4）用现身说法显示真实感，营造出亲切可信的气氛

著名推销员罗伯尼，有一次去美国某大学演讲"成功术"。他以自己的减肥为话题展开，论证事在人为，他说："眼前站在你们面前的这个人，156磅重，但他曾经不是这样，而是一个重达207磅的'圆球'！假若有人需要减肥的话，其实是一定办得到的。我——罗伯尼做得到，相信你们也一定能行！"

这句话说完，听众便在翘首以待听他的"成功真经"。

可见，有时候，如果演讲者能把自己的亲历亲闻运用到演讲中去，就会调动起听众的热情，自然增强演讲的感染力。

5. 物超所值

指出重点，向听众提出行动请求

人们之所以要听你的演讲，绝大多数都是想有所收获。如果你的演讲让人觉得物超所值，那么你一定是成功的。如果你只讲两分钟，就要用剩下的时间来说出你期望听众采取的行动和采取这种行动的好处。一

般通过以下三条法则进行：

（1）重点简单明确

演讲的时候，要简明扼要地告诉听众，需要他们做什么。一般情况下，人们只会去做自己清楚了解的事情。所以，你必须问自己：现在听众已经准备听你的话去行动了，你是不是确实告诉他们该做什么了？

不要说："帮助我们本地孤儿院里的病童吧。"这样说太笼统。应该这样说："今晚就签名，下星期一集合，带领25名孤儿去野餐。"

其中最重要的一点是，你的请求一定是明显的行动，可以看得见，而不是心理活动。比如："经常想想祖父母吧"这句话太含糊、不好去行动。可以这样说："本周末就去看望祖父母吧！"

（2）重点明确易行

不管问题是什么，是不是有争议，演讲者都有责任把自己的重点和对行动的请求讲得容易让听众理解和行动。最好的方法就是要明确。

如果要让听众增长记忆人名的能力，就不能说："现在便开始增长你对人名的记忆力吧。"这样说太笼统，无从做起。不如这样说："在你遇到一个陌生人的5分钟之内，重复他的姓名5次，能帮助你很好地记忆人名。"

事实证明，演讲者给予明确的行动指示，比简单的言辞更能引发听众的行动。比如："在祝康复的卡片上签名"要远比劝听众寄慰问卡，或写信给一位住院的同学更好。

在使用肯定或者否定的方式来叙述的时候，要多听取多数听众的观点。虽然两种方式之间没有好坏之分，可是如果以否定方式说明应该避免的态度就比肯定陈述的请求对听众更具说服力。

（3）自信地陈述重点

重点是演讲的核心，演讲者要有力而信心十足地陈述出来。就像标题的字母会特别突出一样，你对行动的请求也应该通过激烈的演讲直接强调出来。你的请求不能有不确定或无信心的语气，游说的态度应持续到最后一个词，然后再进行“魔术公式”里的第三步。

说出原因和听众可能获得的利益

演讲到结尾时，简短、经济的讲话是必要的。这时候要提出自己演讲的动机，告诉听众如果按照你的“重点”要求去做，会有什么益处。

（1）使理由和事例相联系

要想获得行动响应，就要用一两句话在演讲高潮的时机把好处说出来。不过，有一点很重要，你所强调的好处应该是从你所举的事例引出来的。如果演讲中讲述了自己买旧车省钱的经验，可是又劝听众不要买二手货，是不合适的。

（2）必须强调一个理由

推销员可以提出很多理由，告诉消费者为什么应该购买他们的产品。演讲中，你也可以举出几个理由来支持自己的论点，并且全都与你所讲述的事例有关。

说给听众的最后几句话应该清楚明确。如果研究一下报纸杂志和电视上的广告，你会惊讶地发现，“切题”是统一整体的经纬线。

6. 互动法则

学会互动，你的演说就成功了一半

学会互动，你的演说就成功了一半！不过，在演讲台上，想问对问题还是很难的！问对问题，你就能掌控一切！

一个演讲者，如果不懂得互动，那么他的演讲不算是成功的演讲。所以要想当一个好的演讲者，必须学会互动。

一般人演讲，通常到“结语”差不多就结束了，很少有人会特别提到“听众提问”这一部分；有些演讲者甚至还忽略了跟听众进行问答互动。他们的理由可能是：没时间；听众没人问问题，场面可能会很尴尬。其实，要想提高说服力，听众提问是一个很重要的环节。

对于你所讲的内容，听众不一定完全接受，你就必须让他有机会表达出来。否则，疑问没有被澄清，他们带着疑问离开了，也许会把质疑传播出去。这样，你是很难真正说服对方的。

从另一个角度来看，通过问答的方式，可以弥补自己疏漏的部分。在作报告或演讲时，难免会有一些段落没有说清楚，听众提问可以让你有机会把重点再强调一遍。你也可以通过听众的反应，得知自己讲得好不好，哪些部分是他们感兴趣值得你再三强调的。有了这些经验，下一次再讲的时候，你一定能说得更好。

互动，是一种境界。能够互动，表明演讲者已经从专注于个人讲什么、局限于个人世界中解放了出来，知道把听众纳入自己的演讲系统；这时候，你的思想和视野的开阔度已经足够大，能够把精力和心思投到听众那里。

迅速而有效地引起听众的注意

不管以哪种形式开场，衡量优劣的标准只有一个：是否抓住了听众的注意力？如果你置身于讲台之上，高谈阔论你的话题，而场下的听众全都心不在焉，对牛弹琴有何效果？

如何来提高开场效果，实现互动，起到妙笔生花的作用呢？

（1）夸奖你的听众

要想和听众互动，开始的时候可以夸奖一下你的听众，但不要漫无目的地说一些不相关的阿谀奉承的谄媚之词。在讲话中，可以对你面前的这些听众偶尔插入一些真诚的评价，对他们积极的态度表示感谢。为了让听众喜欢你，首先要向他们表达你对他们的好感。

（2）关注听众的反应

直接疑问句可以将你的听众直接引入话题，善于营造气氛的演说者通常都采用这种提问方式开场，因为他们都知道，听众更喜欢这种参与式的讲话。

提问也是一种技巧，好的问题不但可以吸引听众，还可以缓解自己的压力。可是，如果你的问题无人回答，则会让听众对你失去信任。你必须通过自己的语调让听众感觉到你在期待他们的回应——这时你可以适当地停顿一会儿。但你必须不断地随机应变，有时还需要自问自答，在听众没有失去耐心前迅速做出判断给自己圆场。

（3）对听众进行问卷调查

这是一种与听众进行沟通的有效方式。在会议前或后的午餐或者晚宴上，都是与听众进行交流的绝佳时机。比如，可以提出诸如此类的问题："你们中有多少人要做正式的演讲？""有多少人会在会上发言？""有多少人无论我提出什么样的问题都不会开口回答？"这种调查会给你提供与演说相关的信息，并让你与听众在演讲前展开交流。

只要你仔细考虑一下自己的问题，就会从中发现非常有价值的信息。比如，如果你面对的听众是一些医生，你可以这样问："你们中有多少位治疗过糖尿病患者？""有多少人相信我们今天在治疗糖尿病方面应该更加放开手脚?”所得到的回答可以帮助你集中话题，满足听众的特殊需求。

（4）修辞性提问

通过修辞性提问，可以以一种特殊的方式反复重申你的观点。修辞性问题会让听众进行思考。在做完一个对提问的作用与效果的陈述后，可以问听众：“既然问句这么有用，为什么我们不更多地使用它们呢?”

这些问题可以引导听众进行思考，并在他们自己的大脑中回答你的问题。以这种方式进行，既可以让听众集中注意力，又能有效避免一问一答的老套路，一举两得。

（5）惊叹式陈述

在为老年人作的一个关于健康问题的讲话中，以这样的方式开场一定会引起听众的注意：“我妈妈是世界上最长寿的人。”接下来，你可以说：“至少她自己总是这样认为。”要学会使用任何可能激发听众兴趣的方式，先吊起他们的胃口，然后再向他们进一步解释。

（6）惊叹式数据

开场之初，语言既要力求简洁，又要让听众吃惊，可以考虑使用惊叹式数据。比如，如果你的话题是关于医疗的高消费问题，则可以这样开场：“你知道，仅仅是治疗后背疼痛的一项费用，全社会每年就要花费 200 亿美元吗?”

需要注意的是，一次使用的数据不宜过多，因为人们每次只能记住一两个数字。

（7）妙用笑话

许多人热衷于以笑话开场，可是在使用笑话时你必须慎重。因为一旦选用了这种方式，就会激发起听众对更多笑话的期待。

使用笑话的最佳时机应该是在你认为这个笑话正好适合当时的情形，而且你能够讲得绘声绘色、惟妙惟肖，能够起到锦上添花的作用。当然，如果你有很强的驾驭能力，也可以将笑话贯穿于讲话的始终。

（8）个人经历

以一个与自己相关的故事开场，也是一个特点鲜明的选择。通过这种亲身经历可以迅速拉近你与听众的距离，博得听众的同情与好感，同时能够使你的主题得以认可。

小结

俗话说得好，言为心声。演讲的背后有感情，有思想，蕴含着才干和作风。“白圭之玷尚可磨，斯言之玷不可为。”如果演讲者演讲的内容空话多、套话多，就会陷入形式主义。

每次演说之前，你都要进入巅峰状态！演说首先是能量的感染，信心的传递！当你大声说话，并用坚定的手势去演说的时候，你就会慢慢地进入巅峰状态！

这些困难就像是一座座山峰，如果不全力以赴地去攀登，只能在山脚下哭泣。只要我们保持满腔热情，全身心地投入到工作中，就会轻松跨过。

演讲者用饱含感情和感染力的热情来讲述自己的理念时，听众通常是不会产生相反的理念的。演讲中，要想说服别人，动之以情比晓之以理效果更好。

能够互动，表明演讲者已经从专注于个人讲什么、局限于个人世界中解放了出来，知道把听众纳入自己的演讲系统；这时候，你的思想和视野的开阔度已经足够大，能够把精力和心思投到听众那里。

秘密五

领导力核心定律

1. 使命定律

使命感是一切行为的出发点

一个有使命感的人，不仅会珍惜人生，珍惜生命；还会珍惜工作，珍惜生活，珍惜一切；反之，也就缺少了做人的内在激情与动力。使命感，是一个人对自己使命的认识。事实证明，这种认识越好，使命感就越强烈！

要想成功，首先就要明白：自己这一生，要承担怎样的使命？这些使命对于自己的人生有何重要意义？应该通过怎样的努力，用怎样的实际行动，来实现自己的使命？……只有对这些问题进行了认真思考，才会形成一种认识，这种认识就是使命感。继而在这种使命感的指导下，完成自己的使命，实现人生的价值。

2001 年，马云在纽约参加了克林顿夫妇的早餐会。在那次早餐会中，马云与克林顿夫妇进行了一次愉快的交谈。克林顿说，无论是经济还是政治、军事，在全世界美国都是一流的，没有可以模仿和借鉴的对象，接下来美国应该怎么走？用使命感引导美国向前走！

听到这番言论，马云豁然开朗。中国的互联网公司可以模仿雅虎、美国在线、亚马逊、阿里巴巴，但阿里巴巴能去模仿谁？一流的公司不应该成为他人的复制品，阿里巴巴也要跟着使命感走！就这样，马云确立了公司的使命感——“让天下没有难做的生意”。

在这一使命感的牵引下，阿里巴巴制定了自己的独特价值观。从那以后，不管做任何事情都会围绕着这个使命，任何违背这个使命的事情都不做。

有人问马云：“为什么阿里巴巴选择了电子商务，而不是当时其他人们所看好的赚钱方式？”马云回答说：“只有电子商务才能改变中国未来的经济……阿里巴巴的使命就是‘让天下没有难做的生意’，让客户挣钱，帮助他们省钱，帮助他们管理员工……让天下没有难做的生意，这就是使命感的驱动。”2007年阿里巴巴上市前夕，马云再一次强调，希望通过上市让客户（网商）富起来，这也是阿里巴巴的使命之一。

阿里巴巴这个平台，不仅解决了众多中小企业的问题，也为社会创造了很多的就业机会。正是“让天下没有难做的生意”的使命感，使阿里巴巴受到了众多客户的尊重。

使命感是人的内在的永恒的核心动力。一个人的使命感越是强烈，他的人生希望也就越强烈，他的工作激情与生活热情也就越强烈，他的人生责任感也就越强烈。

有强烈使命感的人，是一种自觉的人、奋斗的人，是一种百折不挠的人、任劳任怨的人。

领导者，必须要有使命感！如果对客观存在的使命缺乏足够的认识，没有使命感，那么就不会真正懂得人生的意义与价值，也不会承担起做人的责任与任务。

没有使命感的领导者，是可悲的；没有使命感的人生，就是行尸走肉的人生！

领导者，一定要有使命感

每个企业都要承担一定的社会责任，并把这个社会责任贯穿于企业的工作中。企业的使命感不仅仅是统一思想、凝聚人心、统一行动、提高效率、激发员工斗志的力量，更是企业的血液、基因和品格。

使命感是决定团队行为取向和行为能力的关键因素，是一切行为的出发点。具有强烈使命感的领导不会被动地等待工作任务的来临，他们会为自己积极主动地寻找目标；他们不会被动地适应工作的要求，而是会积极主动地去研究所处的环境，尽力作出有益的贡献，积累成功的力量。作为一个领导者，一定要引发全员为使命感而工作，而不是单纯为了薪水而工作。

比尔·盖茨曾经说过："我不是为金钱工作，钱让我感到很累。工作中获得的成就感和体现出来的使命感才是我真正在意的。"今天，很多人的想法都比较简单：工作就是为了赚钱，养家糊口。这固然没有错，可是这并不能成为工作的全部！如果工作仅仅是为了赚钱，那么，比尔·盖茨已经成了世界首富，为什么还要工作？李嘉诚已经成了华人首富，为什么还要工作？答案很简单，他们不是为了金钱和财富，而是为了使命而工作。

世界上的绝大多数百年企业、跨国企业都有自己的使命，比如：

迪士尼公司——使人们过得快活；

索尼公司——体验发展技术造福大众的快乐；

惠普公司——为人类的幸福和发展作出技术贡献；

IBM 公司——无论是一小步，还是一大步，都要带动人类的进步；

沃尔玛公司——给普通百姓提供机会，使他们能与富人一样买到同样的东西；

微软公司——致力于提供使工作、学习、生活更加方便，丰富的个人电脑软件。

……

使命是客观存在的，不以人的意志为转移，无论你是否愿意接受，无论你是否意识到，是否感觉到它的存在，这种使命都会出现在每个人身上。有使命感的领导者，通常都知道自己在做什么，以及这样做的意义；他们会把自己与一个伟大的事业联系在一起，释放出生命的激情。如果缺少这样的“使命感”，是很难成为一个真正优秀的领导者的！

2. 信任定律

信任是人与人之间感情交流的基础

只有大家彼此信任，才能够以一颗真诚的心，听取或接纳好的意见。信任就是联系人与人之间最好的纽带，信任是一切组织的灵魂。

公元前 4 世纪，在意大利，皮斯阿司由于触犯法律，被判处死刑。临行前，皮斯阿司想要探视自己的母亲，和母亲告别。于是向国王申请。国王对于他的孝心很感动，决定予以准许。但必须有一个人代他坐牢。当然，如果皮斯阿司失信，就会处死代替他的人。

他的朋友西蒙是位聪明果敢、光明磊落的人，他信任皮斯阿司是个言出必行的君子，愿意代替他去坐牢。可是事实的变迁竟是如此的出乎意料。时间就要到了，皮斯阿司竟然没有回来。但严肃的审判将继续按时执行，残酷的死神就要降临到这位勇敢的年轻人的头上，众人都为西蒙遗憾，可惜他轻信了一个花言巧语的伪君子，也痛恨皮斯阿司的失信于人。

正当众人惋惜之际，西蒙却说："我的朋友，绝非失信于人之人，如果他没有回来，说明他也许已经死了。"说着眼泪应声而下。众人纷纷笑他愚蠢。西蒙正气凌然地走到了刑场，仿佛自己做了一件值得骄傲的事情，众人又是纷纷叹息，世间将会失去一位忠义之人。

当追魂的炮声在耳边响起，人们都不忍直视那缓缓下降的绞索，都把头埋下，静静地不愿出一声。就在这时，忽然耳边平地一声惊雷："住手，我回来了！"众人忙回头看时，发现是皮斯阿司。人们一阵惊叹，感慨连连。

最后国王赦免了皮斯阿司的死刑，并大加赞赏了西蒙一番。

信任为物，缥缈无凭，然荡人心魄，感人至深。去信任别人，觉得自己更加成熟，更加具有气魄。而被信任的人，会觉得自己被重视，自己的人格得到了尊重，愿意全力以赴完成使命，不愿辜负信任自己的人。

只有信任才能产生强大的号召力

作为一个企业的掌门人，明白信任就是督促员工尽力工作最好的工具，能够让员工觉得自己的重要性，也能够促使员工觉得自己的人格得到了尊重，更加愿意奉献自己的精力去全心全意地工作。信任就像仲春的阳光，使人温暖、安逸。信任就好像冲锋时的号角，给人以鼓舞与振奋。

程颐曾还说过：以诚感人者，人亦诚而应。所以作为一个企业的执牛耳者，一定要有信任别人的气魄，一定要有信任别人的胆量，那么别人同样会相信你。

周幽王的宠妃褒姒，是位冷艳美人，目似秋水，面若冷月，周幽王很是想看看褒姒笑的模样，奈何这位美人就是不笑。

有一次，周幽王下令点燃都城附近的烽火台向边关传递战争信号。烽火台一般在敌人入侵的紧急情况下才能点燃。

诸侯们看到烽烟四起，十万火急，急忙引兵驰援。黄沙四起，万马奔腾，将士们披星戴月，日夜兼程，天下诸侯云集郦宫城下，一时城下千军万马，漫山遍野；人声鼎沸、战马嘶鸣，乱作一团。再看周幽王城头饮酒，歌舞正酣，有什么军情？才明白这是君王为博妃子一笑的花招，全部愤然离去。

褒姒看到平日威仪赫赫的诸侯们风尘仆仆手足无措的样子，终于笑了。

又过了五年，西夷太戎大举攻周，周幽王心惊胆战，忙下令点烽火，然而等到临死之时也没有看到诸侯的影子。结果周幽王拔剑自刎，美人褒姒也被俘虏了。

失信于人，天诛地灭。

如果周幽王没有失去天下诸侯对他的信任，怎么会在紧要关头没人帮助，不但失去美人，也失去了万里江山，丢失了身家性命。大家对你的信任，就是你至高无上的荣耀，就是你最好的权利。它会使人们在任何时候都相信你，所以听从你，服从你。信任所产生的强大的号召力，并不是权利，但却胜似权利。

日本的NHK电视台曾播出一部历史剧。剧中演过这样的情节：坂本被派去监督河务。他的前任只会要嘴皮上的功夫——只说不做，最后延误工期，被免去职务。坂本上任后，鼓励大家齐心合力万众一心追赶工期，一边请大家喝酒吃饭，一边与大家谈心交流。人们逐渐对他产生了信任。但是，由于种种原因，工期还是没有赶上。

于是，顶着大雨，别无选择的坂本只有自己动手去修筑堤坝。令人意外的是，本该收工的民工们纷纷转回来帮助坂本筑坝。问人们为什么这样做，他们回答，坂本没有光说不练，这样的负责人，值得大家信任，是信任让坂本赢得了这些人的心。

只有信任才能产生强大的凝聚力

彼此的信任会产生强大的凝聚力，老板信任员工，所以才敢把重任托付给员工，这样才会分出更多精力处理其他事务。如果老板对员工不放心，事必躬亲，那么企业的发展就会裹足不前；如果员工对自己的老板不信任，只会对工作敷衍了事，谁会去认真执行自己的任务？

反秦的战火，引燃中华大地的时候，西楚霸王项羽领兵六万，北上救赵，破釜沉舟，鏖战沙场。九战九捷，诸人镇服。如果深究其胜利的原因，是信任让项羽果敢决断，成此奇功的。

诸位将士信任项羽，因为跟随其征战多年，项羽总是带领他们攻城略地打胜仗；项羽也信任自己手下的将士，明白他们有沉稳勇决，能够担当如此重任。也是因为全军将士彼此信任才能够凝聚成一个有利的整体，才能够无坚不摧、所向无敌。

试想，如若项羽不信任自己的将士，觉得他们软弱无能，斗志不强，能发出如此荒诞的命令？再或者，如若项羽带的是一群老弱残兵，他还会如此坚定的用兵吗？

显然不会！那时的破釜沉舟，无疑是以卵击石、飞蛾扑火、自取灭亡罢了。同样，如果众人也不相信项羽的话，谁还愿意去前线送死，可能大家早成逃兵了。所以说，将士之间的彼此信任，能激发出更大的斗志，使他们形成一个强劲有力的整体，铸就了此战的胜利，奠定了反秦的基础。

孔子以为，一个国家确保歌舞升平、国泰民安，必须具备三个基本的条件：第一，有强大的军队，保疆卫国。第二，有丰足的物质，民无饥馁，安居乐业。第三，平民百姓对领导者的信任。

孔子也觉得对于领导者如果这三者不能同时拥有的话，首先可以抛弃的是军备，其次是财富的积累，唯有黎民百姓对领导阶层的信任是永远都不能丢弃的。

孔子认为对一个国家来说最为重要的，其实并不是武力，当然也不是财富，因为这些在很大程度上，并不足以影响国家的存在。但是对领导阶层充满了信任的人民，才是一个国家更为可靠的基础力量，才是国家最大的财富。

作为一个公司的领导阶层也要取信于员工，要积累员工对自己的信任，才能让员工紧紧地团结在自己的身边，才能够齐心协力地完成工作，攻坚克难，所向无敌。

要信任员工，也让员工信任自己

“君子信而后劳其民；未信，则以为厉己也。信而后谏；未信，则以为谤己也。”

美铝中国区总裁陈锦亚曾经说过，在美铝中国，他希望能与公司员工之间，建立亲近的心与心的交流关系。上班的时间，他可能随时走到员工的办公桌旁与他们沟通；到肚子饿了的时候，他就会走到某个爱吃零食的员工那儿，向他要些东西来吃。陈锦亚说这样做就是为了让与员工建立起的亲密关系转化成信任。而员工与老板之间的信任关系就会转化成公司的业绩。“我来美铝之后的第二年，在全球进行的员工对领导意图和公司目标清晰度的调查中，中国区在全球的得分是最高的。去年，虽然受经济危机的影响，总分降低，但中国区依然是全球排名第一。”陈锦亚说道。

作为一个公司的老总，要信任自己的员工。所谓用人不疑，疑人不用。公司好比一台大的机器，其每一个部件良好运作才能够产生集体效益。如果老总们总是怀疑这台机器有问题，害怕这个出毛病，那块不工作，便会陷入一种无边的哀愁之中。更何况，这些部件都是人，作为有感情的人，你要信任他，他才会全力为你工作，你要是怀疑他，恐怕他不仅仅是懈怠工作了。所以老总们一定要信任员工。

在杨元庆委以陈绍鹏为联想集团高级副总裁、新兴市场总裁重任的三年后，事业取得了极大的进步。陈绍鹏说：“信任的力量是无穷的。三年时间，我用自己的行动与成绩参与了联想的重要成长史，做了一些开创性和奠基性的事情。当时，我最直接的想法就是，元庆冒着这么大的风险信任我，培养我，我一定要干出成绩来证明元庆今天的选择是对的。为此，我只有做好，而且要做的还不是一般的好，才能不辜负这样的信任。”

当然，信任也是有前提的。任何人不可能什么事情都不做，就期望老板信任自己，这无异于天方夜谭，尤其在商业公司。赢得信任需要诚信、修养、知识和能力。不遗余力地努力工作，才能够赢得更多的信任。当然，信任也是双方面的，老板要信任员工，也要使员工信任自己，老板们既要给予员工信任，也要取信于员工。

信任就是公司的根基！

3. 格局定律

格局决定布局，布局决定结局

中国台湾首富郭台铭曾经说过：“格局决定布局，布局决定结局。”也就是说，你的心有多大，就能做多大的事。格局决定布局，布局决定你的结局！

微软为自己制订了一个300年的计划，麦当劳设定了一个500年的计划。比尔·盖茨真的可以活到300年吗？当然不会，但是他制订了300年的计划。这就是“一开始就透视全局”的例子。

据说，迪拜要盖全世界最高的楼房，如何盖全世界最高的？他们使用的钢筋结构设计很特别，先盖150层；一旦出现比自己更高的房子就可以立刻加盖。之所以肯定自己能够盖世界最高的房子，就在于开始的时候就决定了可以长高，已经有了可以长高的格局。

孙正义曾说：“起初所拥有的只是梦想和毫无根据的自信而已，但一切就从这里开始。”开始的时候，孙正义只有两个员工，可是他却自信满满地说：“要成为世界首富！”正是他那份毫无根据的自信和格局，让他成了全亚洲最富有的人！

世界房产大亨唐纳·川普，曾经说过一句话："想大一点！"川普的父亲也是做房地产的，主要是在一个小村庄盖房子。当川普将自己想到纽约发展的想法告诉父亲的时候，父亲说："你在纽约没有任何身份和地位，是很难成功的。"可是他却回答说："想大一点！"经过自己的不懈努力，多年之后，他果然成了全纽约拥有最多房地产的人！

安东尼·罗宾讲过一句话："大部分的人都高估自己一年做到的事情，但是严重低估自己10年能做的事情。"要想成功，就不要低估了自己的能力。不管是哪个人，只要在一个领域经营5年，就会变成专家；坚持10年，就会变成权威；15年之后，就会成为世界顶尖。

在我们身边，很多人都会给自己设定目标，可是如果一个月达不成，两个月达不成，他们就会放弃。有的人给自己设定的目标是一个月挣100万元，当他看到自己一个月才赚一两万的时候，一年才能挣20多万元的时候，就会主动放弃。其实，只要认真学习一些销售知识、领导和行销知识，为自己规划5~8年的学习期，持之以恒地去执行，当积累到一定量的时候就会发生质变，100万元的目标怎么会实现不了？

放大你的格局！格局放得越大，你的人生就越不可思议。

格局有多大，事业就有多大

不同的人有着不同的命运，决定一个人命运的因素有很多，而人生的格局则是其中最为重要的一个因素！很多大人物之所以能成功，是因为他们在自己很小的时候就开始构筑人生的大格局了。他们拥有开放的心胸，可以容纳远大的理想，可以设立长远的目标，能够用发展的、战略的、全局的眼光看待问题。

对一个人来说，格局有多大，成就就有多大。如果想成就大业，就要拥有高瞻远瞩的视野和不计小嫌的胸怀。古今中外，大凡成就伟业者，无一不是一开始就从大处着眼，从内心出发，一步步构筑人生大厦的，霍英东先生就是其中一位。

霍英东是香港著名的实业家，幼年时家境贫寒，7 岁前“他连鞋子都没穿过”。他的第一份工作，是在渡轮上当加煤工……后来，靠着母亲的一点积蓄，他开了一家杂货店。1954 年，他创办了立信建筑置业公司，靠“先出售后建筑”的竞争要诀，成为国际知名的香港房地产业巨头、亿万富翁。经营领域也从百货店扩展到了建筑、航运、房地产、旅馆、酒楼、石油等。

拥有怎样的格局，就拥有怎样的成功！日本航空公司董事长稻盛和夫曾经说过：“经营者人格不断提升，企业就会不断发展。”也就是说，企业经营决定于领导者的器量。企业的发展水平，取决于经营者的品格——“器量”。

拥有怎样的格局，就会拥有怎样的命运！成功者都会用长远、发展、战略的眼光来看问题；不仅会用帮助、合作、奉献的态度来交朋友，还会以大局为重，用博大胸怀来做事情。

格局有多大，事业就有多大！如果我们把人生当做一盘棋，那么人生的结局就是由这盘棋的格局决定的。想要赢得人生这盘棋，就要把握住棋局。种种棋着就如同人生中的每一次博弈，只有度量开阔、统筹全局、运筹帷幄的棋手，才能取得最终的胜利。

4. 授权定律

领导者要当好裁判，把权力下放给员工

企业的领导者是企业发展的总规划师，其决策和管理能力决定了企

业未来的发展。企业的内部就是一个团队，领导者要给员工分配任务，给他们充分的信任和授权，监督他们按预定的责任要求来做事。领导者要做好管理，而不必事必躬亲，那样不仅员工工作起来没有热情，也失去了管理者的威信。

英国证券交易所前主管 N. 古狄逊是一位善于研究管理的人，他有一句名言："一个累坏了的主管，是一个最差劲的主管。"可见，一名优秀的领导者要尊重下属，善于发现和培养员工的管理能力，授予他们适当的权利来提升对工作的热情，让下属在激励下努力为企业工作。

领导者要把控好企业发展，把权力分配给下属才能办好企业。太平洋建设集团的创始人严介和可谓中国民营企业发展中的传奇人物，由于他善于管理，懂得用人，经过不断的成功并购重组各类型小企业，将一家小企业发展成大集团，跻身中国民营企业 500 强第 8 位，中国大企业集团 1000 强前 50 强。

严介和对管理有着深刻、独到的理解。他指出：企业的管理者就是管人，要善于赏识部下，大胆放权，大胆用人，让员工成长与企业命运联系到一起。领导者要学会授权，就像运动会比赛一样，领导者就是裁判员，裁判员就是只管人不管事，不要既当裁判员又当运动员，这样做就违规了。

领导者是企业的最高层，只负责用好人，做好任务分工，该管则管，不该管千万不要管！给下面的人多留点空间，允许人犯错，这样才能使下属迅速成长，成为企业的优秀接班人。管理者千万不能做诸葛亮般的人物，最后累死了自己同样亡国，因为不是后继无人，而是没培养好人才。正是靠着这种理念，他的企业仅用了十年多的时间，2002 年总资产达到 60 亿元，成员企业发展到 46 家，发展成为民营建设领域的领军企业。

现在中国餐饮界都在学习海底捞，希望从他们那里学到海底捞的管理智慧。这个著名火锅品牌的创立者张勇，是从巴山蜀水中走出来的四川人，他从一位卖麻辣烫的小店主，发展成拥有上万名员工的餐饮企业家，创业之路可谓传奇。

张勇虽然最初只是一个工厂电焊工，可是很会经营管理，他是一个懂得充分放权且懂得驾驭管理的领导者：在海底捞，从管理层到普通员工，张勇都充分信任他们，都拥有超乎一般餐饮店员工所能得到的权力：30 万元以下的开支，店长就可以做主，服务员都有给客人免单的权力，普通员工都可以决定赠送水果盘。

有人问过张勇，你就不担心服务员由于有免单权，会不会“吃单”？可是张勇认为，有个别服务员吃单的情况，但是我对他们能这样信任，他们也会珍惜公司对他们的信任。

在海底捞里，每名员工都有成长的空间，公司给他们设计了成长的线路图，员工可以根据各自的特点和理想，按照职场成长规划来努力实现愿望。在张勇的心里，装的不仅是企业的利益，还有公司的员工利益。他曾说过：“我希望利用海底捞这个平台，让兄弟姐妹们用双手改变命运。”

我们常说一人富不算富，带动大家都致富，那才是优秀的企业家和领导者。在这里，很多员工都是来自农村，家庭条件比较差，来到海底捞，他们被董事长张勇充分信任和大胆重用所感动，努力通过付出来改变命运。

从一线岗位做起，通过公司的培养，成为各个部门的管理者，不仅能力得到了大幅提升，收入也直线上升，一些管理岗位的员工年薪达到上百万元，有的在北京买房、买车。2009 年，海底捞在全国接待了 2000 万人次。2010 年海底捞的销售额达到十几个亿，员工总数也突破万人。

大胆放权给员工

现在很多民营企业的领导者很看重权力，认为只要把权力集中在自己手上才能掌控企业发展，并不注重培养下属。这种对权力的欲望削弱了下属的工作积极性。优秀的管理者善于给下属授权，把有能力的员工培养成企业的管理精英，激发他们的创造力，从而为企业创造更大的价值。

管理者要善于发现员工的优势，给他们创造施展才华的舞台，把权力转交给下属，调动下属的积极性，使他们心甘情愿地为自己做事，这是现代领导者提高工作成效的重要法宝。四川新希望集团董事长刘永好是中国饲料行业大王，他在管理企业时注意到了家族式管理的弊端。他指出，家族控股应该说没问题，因为很多民营企业都是家族控股的。

但是，家族控股的企业特别要注意克服家族式管理的弊端。家族式企业的好处在于：权力集中，决策比较简单，反应比较快，企业家的责任心比较强，大家都很努力。但是弊端是：容易形成独断专行的局面，听不进别人意见，没有相对合理的管理层次。从企业的健康发展角度来说，这样的企业没有旺盛的生命力。

中国著名的教育培训机构——新东方在发展过程中也同样面临家族问题的挑战。就像很多民营企业一样，新东方最早就是俞敏洪和他老婆一起创办起来的“夫妻店”。后来，老妈、老婆的姐姐、老婆的姐夫都在新东方工作。其他的管理者也跟着效仿，将自己亲戚安排进新东方。慢慢地，这种状况明显影响了新东方的管理。

创始人俞敏洪面临的困难，不仅仅是兄弟们“造反”，还有来自老婆、老妈的压力。俞敏洪曾对媒体说了一句耐人寻味的话：我的成功是被妻子唠叨出来的。可想而知他的妻子为后来的新东方企业的成长作出了多大的贡献。但是为了企业的健康发展，他只能顾全大局，牺牲家庭利益。

虽然俞敏洪认为新东方时期的家族制，“导致新东方有了稳固的基础”。但是，俞敏洪也清醒地意识到，进行现代企业模式的运作，推行现代企业制度，就要引入职业经理人的管理模式，让有才能的人进入企业，同时必须请直系亲属退出企业，其中遇到的阻力可想而知。这些亲人都是和他一起奋斗，走过艰难的创业期的人，企业现在发展壮大了却让这些人离开，难度可想而知。事实上，早在1996年，俞敏洪将朋友们请回来之后，他就将夫人撤离了新东方。

俞敏洪意识到，在中国这样一个人情化的社会里，如果想要真正不受家族影响，你就必须把家族的人员全部清除出公司。2002年，大家集体做出决定，任何人的亲属，都不能在新东方干。俞敏洪没含糊，当机立断表了态：“我的家族全部拿下！”这一声“拿下”，也标志着新东方彻底从一个家族企业摇身转变成现代企业。

和他并肩创业发展的王强、徐小平他们从国外回来，一个亲戚都不带，看见谁带亲戚进新东方他们就怒火万丈，他们说，只有俞敏洪的亲戚可以在新东方干，别的亲戚都不行，都得撤掉。后来俞敏洪意识到，要这样的话，自己在企业里就没有了威望。于是，他让自己的亲戚先离开，别的人员的亲戚才不得不离开，所以新东方签下了一个规矩，就叫作亲属回避原则。正是靠着俞敏洪的锐智与气度，2006年9月7日，新东方在美国纽约证券交易所成功上市，成为中国第一家在美国上市的教育培训机构。

权力和责任对等

领导者放权给下属，不是说光靠信任就放任不管了，而是要让下属真正负起责任，让下属更忠心于企业。

在向员工授权时，既定义好相关工作的权限范围，给予员工足够的信心和支持，也定义好它的责任范围，让被授权的员工能够在拥有权限的同时，可以独立负责和彼此负责，这样才不会出现管理上的混乱。

也就是说，被授权的员工既有义务主动地、有创造性地处理好自己的工作，并为自己的工作结果负责，也有义务在看到其他团队或个人存在问题时主动指出，帮助对方改进工作。

有效授权是现代企业管理对企业经理人提出的更高要求。面对瞬息万变的市场风云，应对实力强劲的竞争对手，您能否高屋建瓴、运筹帷幄？能否最大限度地调动员工的积极性，充分发挥组织的整体优势？我在咨询和培训过程中，见到大多数卓越的领导者至少都有一个共同的特征：相当程度的授权，让下属无限的潜能得以发挥。授权让下属去做，你会发现下属远比你想象的还要尽心、卖力和能干！

企业的成功，不是仅靠某个人，需要每一个人，包括一线工人和最高管理层的知识、思想、主观能动性以及创造力。优秀的企业将每一个员工都转变成企业的领导者，使他们以主人翁的态度为企业不断创造价值，因而获得了巨大的成功。

如何能做到这一点呢？答案就是创造一个充分授权的环境，使所有员工能全身心地投入工作，为组织取得佳绩而共同努力。

5. 价值定律

组织需要给力的领导

有一则外国谚语说道："一只狮子带领的一群绵羊能够打败一只绵羊带领的一群狮子。"由此看来，决定一个团队成败与否的关键是一只狮子的领导还是一只羊的领导。

一个企业成功与否，关键就看是否有一个优秀的领导，领导水平的高低直接决定了这个组织发展水平的高低。企业领袖的这种通过个人魅力凝聚人才的能力，也叫做"向心力"。在中国成功的企业中，凡是能够做大做强的，几乎都离不开这样一个充满领袖魅力的领袖人物。

在某种程度上说，领导是组织的灵魂，领导的个人能力则是发挥关键作用的根本。领导力其实是一种获得追随者的能力，是一种统率全局的能力，更是一种凝聚众人合力的能力，也是知人善任的能力。

认识到了这一点，就可以使领导者意识到领导作为组织灵魂的关键作用究竟是什么，从而提高自身的领导力，发挥"组织灵魂"所应有的巨大力量。

一个成功的领导者，不但可以创造一段商业上的传奇，其身边围绕的也必然是一群成功人士。比尔·盖茨所在的微软公司，不仅仅只会有比尔·盖茨这一个亿万富翁，在他的周围，有上百位千万富翁，几十位亿万富翁。

人们经常讲："火车跑得快，全靠车头带。"意思是火车之所以能在铁轨上前进，完全是因为车头的牵引。放到特定的组织中，讲的就是要想让组织平稳运转，就必须有一个好的牵头人，有办法领导这个团队从一个目标走向另外一个目标，从一个胜利走向另外一个胜利，实现组织的价值目标。

试想，一个组织的牵头人不懂怎么带领团队，那么团队就会出现这样或那样的问题，组织的目标就会无法实现，或者走向歧途。

一个伟大的企业，必须有一个伟大的领导。从目前国内的成功大企业的发展史我们不难看出，这些企业的背后，都矗立着一个优秀的企业领袖：阿里巴巴的背后是马云，联想的背后是柳传志，海尔的背后是张瑞敏，华为的背后是任正非。从某种程度上来说，没有这些优秀的企业家，便不会有中国这么多优秀的企业。

在巨人倒塌之后，史玉柱可以说身无分文，欠了一屁股外债，很多人以为巨人倒下之后便不会再站起来了。可是凭借着史玉柱的个人魅力，有大批的员工仍然愿意跟随他，希望他东山再起，之所以这些人愿意追随一个资不抵债的潦倒领导，是因为这些人相信史玉柱的能力，相信他们在史玉柱的带领下能够"咸鱼翻身"。

凭借个人魅力实现团队跨越式发展的不仅仅只有史玉柱。牛根生离开伊利后，有大批的熟人主动从伊利辞职，甚至一些仅仅和他有过一面之缘的人也从伊利辞职，仅仅是因为牛根生这三个字。而当时的牛根生，是个连工作都丢了的40岁的中年大叔。

在经历了几年之后的经营，蒙牛成为了全国乳制品行业的前三强，而追随他的那一批人也实现了自己的人生目标。

美国一位学者在《领导力21法则》一书中写道："领导力就是领导力，不论你身在何方或从事怎样的工作。时代在改变，科技也在不断地进步，文化也因为地域不同而有所差异。但是真正的领导原则却是恒定不变的……"

什么是领导？看得不是处在某个高层位置的人，而是拥有领导力的领导人：他能够驾驭整个团队，能让团队的成员各司其职、各尽其能，无论把他放在什么位置，他总能脱颖而出；无论给他一支什么样的队伍，他总能把这支队伍带成一支最好的部队；他具有"登高一呼，应者云集"的道德号召力，让团队能够贯彻自己的战略意图；他能够真正的关心人才，能够用人之长、容人之短，身边从来都能够聚集一批优秀的人才。

电视剧《亮剑》中的李云龙是很多观众都喜欢的人物，李云龙虽然不识字，没有文化，一个大老粗，但却是一个天生的"领导人"。

剧中在剿灭日军山崎大队时，李云龙下了这样的命令："全团从我以下，一个不留，上刺刀，全都给我上。准备白刃战，记住，见了山崎那小子谁也不许开枪，给我留着，老子要活劈了他。"这样一个人，哪一个官兵不死心塌地跟随，哪一个战士不愿意跟他一起共事？

企业如何解决自身的发展问题呢？还是那句话，团队好不好，关键在领导。如果老板认为员工无能，那么就先考察一下他们的领导，无能的团队一定是一个无能的人在领导。企业要想改造这支团队，只需要换一个领导人就是了。

领导需要更优秀的领导

强将手下无弱兵，即使给强将一群弱兵，在强将的调教下，这群弱兵也会变强。强将不仅会把自己的积极的情绪传递给手下的士兵，更会因为自己的领导，把自己的能力、做事方法，特别是自己的精神力量传递给手下的士兵，让这群士兵的身体里乃至精神上流淌着“领导的血液”。如果将这种领导的精神传递给一个企业，这便是这个企业的企业灵魂。在一个企业中，没有不努力的士兵，只有不上进的领导。

英国有个凯文迪许实验室，这个实验室在全世界的科学界都很有名气，它竟然培育出了25个诺贝尔奖获得者：

凯文迪许第一代主任是麦克斯威尔，电磁波的发明人。

第二代主任是瑞利，获得诺贝尔奖，曾经做过英国皇家学会的主席。

第三代主任是28岁的汤普森（就是发现电子的人），竟然培养了7个人获得诺贝尔奖。

第四代主任卢瑟福（原子物理奠基人），培养了12个人得到了诺贝尔奖。

可见，正是一代又一代人的传承，让凯文迪实验室成为世界上最优秀的实验室之一，而作为关键则是第一代领导人在领导这个实验室的时候，把自己的精神传递给了所有的成员。

人都有一种向上的本能，在选择领导的时候也是这样，无论强兵还是弱兵，都喜欢跟随强将，因为强将可以让一群弱兵变强，而弱将即使给他一群强兵，也只会越带越弱。所以，在提升自己领导力的时候，应该选择一个领导力强的领导去学习。

“取法乎上，仅得其中；取法乎中，仅得其下。”说的是向别人取经学习所能得到的回报，向高手学习，你仅仅得到他的大部分精华，你的水平也只能停留在中等的水平，若是跟随中手学习呢？你也只能得到下等的水平。别人的水平是一定的，你的学习能力也是一定的，如果你要学习的话，为什么不去找一位水平更高的老师呢？

一个人的力量是有限的，你要想不断地提高领导水平，不仅要提高自己的水平，还要靠高人的指点，以及一群高人在你身边为你服务。

为了能让你的企业做大做强，在你周围你必须有一群优秀人士，或者在你的感染下让一群人变为优秀人士。而在这之前，你自己必须成为一名足够优秀的领导者，因为没有人愿意跟随一只羊，大多数人都愿意跟随一只狮子，即使他们有被狮子吃掉的危险。

人们常说，情绪可以被别人感染。那么作为一种杰出的品质，优秀能否从一个人传递到另外一个人，或者跟一个人久了，就会感染上别人的优秀品质呢？答案是肯定的。

哈佛大学培养出来的毕业生为什么在全美乃至全世界都那么优秀？因为这里汇集了全世界一流的老师，他们有一流的理念、方法和技巧，学校招收的学生也都是千里挑一的优秀学生，学校为全校师生提供了世界上最丰厚的奖学金和基础设施，这样的学校培养出来的毕业生想不优秀都困难。就连不学无术的小布什都能成为美国的总统（小布什曾经读取哈佛大学研究生），这难道还不能说明问题吗？更难怪全世界的学子都对这所学校神往。

约翰·昆西·亚当斯说：假如你能用行动激发他人梦想得更多，学习得更多，做更多事或者成为更伟大的人，你就是一个领导者。企业领导人必须要有很强的个人魅力，这种魅力是吸引他人为其服务的个人先决性条件。有这种魅力的人，身边才会有一大群有识之士围绕在他左右，为他服务。

历史上的很多政治人物就是这样的人，比如三国时期在创业初期最弱小的刘备，就是凭借着其强大的个人魅力，有着忠肝义胆的关张二将鞍前马后，有赵云等五虎上将的时刻跟随与保护，也有诸葛亮这样的运筹帷幄之人为其出谋划策，最终实现了三足鼎立。诸葛亮、赵云、关张这些人不可谓不优秀，可他们为什么还要聚集在刘备周围呢？这是因为刘备比他们这些人更优秀，因为他才是蜀国团队真正的领导者。

你如果想优秀，成为一名合格的领导人，那么你必须跟随更加优秀的人，同时你只有将这种优秀的品质传递给其他人，你的企业、你的团队才会变得更加优秀。

6. 影响定律

给下属作表率，用行动提升影响力

领导者在管理下属的时候，要懂得以身示范，作出表率，这样的领导才能得到下属的尊重，树立良好的威信。美国管理学家哈罗德·孔茨认为："领导是一种影响力，或叫作对人们施加影响的艺术过程，从而使人们心甘情愿地为实现群体或组织的目标而努力。"

一名领导者的领导水平，往往通过他的影响力来体现。领导者领导的是一个团队，只有身先士卒，才会得到下属们的信服，提升团队的工作热情。

有一部反映抗日斗争的电视剧《亮剑》火暴银屏。剧中的一号人物——独立团团长李云龙深受电视观众的喜欢。他虽然文化不高，可是打起仗来往前冲，不怕死，带领着独立团打败了强大的日本侵略军。他提出的亮剑精神是这部电视剧的精髓，对广大观众也很有教育意义。

剧中的李云龙在解释亮剑精神时说：古代剑客们在与对手狭路相逢时，无论对手多么的强大，就算对手是天下第一的剑客，明知不敌，也要亮出自己的宝剑。即使是倒在对手的剑下，也虽败犹荣，这就是亮剑精神。这是何等的大义凛然，何等的坚决果断，何等的英雄气魄！

李云龙作为独立团长，本身就是一个领导力很强的人，别看他性格粗犷、脾气暴躁，可是带起兵来训练有素，打起仗来英勇无敌，誓死捍卫独立团的荣誉。他的超凡领导力主要表现在他用行动说话，以及他有一股领导者的特质，这就是人格魅力，让他的部下既爱他又怕他，心甘情愿跟着他出生入死。

有一句说得好：要想跑得快，全凭车头带。在一个集体中，领导者的为人处世，对下属有着深刻的影响。表面看李云龙不拘小节，说着粗话，可是待兵却能处处为他们着想，每次战斗都是冲在前面，同官兵一起英勇杀敌。这样的团长怎么能不让人佩服，受人爱戴呢？正所谓“得人心者得天下”，李云龙用实际行动给下属做榜样，得到了官兵的拥护，带领着独立团取得了一次次胜利。

李云龙身为团长，把全团的利益放在首位，每次战斗都是与战友并肩杀敌，用实际行动来给全团鼓舞士气。他在战场上的原则是从不丢下每一个兄弟，即便自己杀出重围，如果知道还有一个兄弟没有出来，他都会返回去把他救出来。他用生命保护战友的行为深深地打动了独立团每一名官兵，大家的心紧紧地连在了一起。他的亮剑精神也深深地影响着每个人，大家凭着这股精神越战越勇，夺取了一次次胜利。

中国万达集团董事长王健林不仅是富豪，更是用表率垂范的优秀领导者。《福布斯》杂志发布的2013中国富豪榜上，大连万达集团董事长王健林，凭借860亿元人民币的净资产雄踞榜首。企业取得的巨大成功，离不开他的管理智慧。他出生在一个军人家庭，父亲是当年红四方面军的老红军。

受父亲革命军事思想的熏陶，他也选择了从军报国。18 年的军旅生活，给王健林的一生都打上了深刻烙印，一直用军事化的标准来要求自己和管理下属。直到今天，名声显赫的他，作风依然没变，还是雷厉风行、令行禁止、注重效率，这与他在部队长期的军营锻炼密不可分。他全心扑在工作上，为了企业的发展，也是为了万达员工生活得更好，只要不出差，王健林坚持每天早上 7 点 20 分就到公司，一年工作 360 天，只有过年休息 5 天。

作为董事长，公司并没有对他作硬性规定，可是为了给公司员工和管理层作表率，他首先给自己定规矩，提前一小时到岗。按照公司的作息是 8：30 上班，但是员工们看到自己的老板从来都是 7 点 20 分来公司，因此员工们基本上都提前一个多小时到岗，更没有人敢迟到。靠着以身作则的实干精神，王健林带领的公司团队创造了耀眼的成绩。按照他自己的预测，2013 年年底，万达总资产将达 3500 亿元，净利润近 200 亿元。

提升影响力，更要人性化管理

一个领导者是一个企业的核心，其管理能力决定了企业的未来。领导者要辩证看待权力观，手中的权力是下属们赋予的，脱离了下属什么事也做不成。一个懂管理的领导会用心发现下属的优点，用心给他们搭建成长的舞台、创造发展的空间。

有一则寓言故事很有意思：

一个越国人深受老鼠之害，特地买回了一只擅长捕鼠的猫，这只猫善于捕鼠，也喜欢吃鸡，结果越国人家中的老鼠虽然被捕光了，但鸡也所剩无几。他的儿子想把吃鸡的猫弄走，父亲却对他说："老鼠偷吃我们的食物，咬坏我们的衣服，挖穿我们的墙壁，损害我们的家具，不除掉它们我们必将挨饿受冻。

"猫消灭了老鼠但也同时吃掉了一些鸡，这固然不好，但没有鸡吃问题不大，因为这不会导致我们挨饿受冻。所以我们不能因为猫吃了鸡而把它弄走。"后来这只猫被留了下来，家里的日子过得很安稳。

由此可以看出：做判断要从大局着眼，把握利弊轻重。领导者在对待下属时不要高高在上，只会找缺点，认为这样才能显示出管理的水平。其实，这样做只会伤害到下属，人无完人，对员工要求不要苛求完美，任何人都难免存在不足；如果这些不足并不影响大局利益，就不必过分计较。因为最重要的是发现和利用员工的优点，从而激励员工形成团队战斗力，创造更大的价值。

电视剧《水浒传》家喻户晓。剧中的宋江以替天行道作为凝聚各路英雄好汉的精神支柱，以好兄弟讲义气平等对待人、团结人，以"不求同年同日生，但求同年同月同日死"来留住江湖义士，铸就了梁山一百单八将赴汤蹈火在所不辞、侠肝义胆的英雄形象，成就了扶危济困、救人水火、义薄云天，绝对具有领导力的及时雨宋江。

宋江不是梁山泊的帮会创立者，真正的创始人是晁盖，在晁盖去世后，宋江以其巨大的人格魅力以及各种领导人的特质，换取了下属各部门经理人的拥戴，成为了水浒集团的 CEO。成为大王之后的他，并没有显示权力，而是处处为弟兄们着想，所以才有“及时雨”的雅号。在他的老家山东郓城无人不知、无人不晓。

到今天，宋江精神仍然影响和鼓舞着他的家乡和人民，足见其具有很好的人脉与人际关系。此为成功因素之一。

善于倾听，有换位思考的同理心。否则，又怎么知人所需，成为及时雨呢。好的领导者总是好的倾听者，只有先听，充分理解对象的情况，才能正确决策，合理地使用激励手段，达到影响追随者的目的，这是宋江的成功因素之二。

宋江没有以他 CEO 的身份，用强制的手段下达各种行政指令，他总是人性化的，或者苦口婆心的规劝，达成梁山水浒集团思想的统一，无论做什么事，动之以情，晓之以理，进而上下一心，政令统一，步调一致，为水浒集团的兴旺发达奠定了雄厚的基础。而不是动辄以其 CEO 身份，粗暴地，盛气凌人式的颐指气使，指令性的干预，强加式的命令，因为这样的管理，谈不上什么领导力、影响力，只能叫强加力、压迫力。这是宋江的成功因素之三。

宋江之所以这样做，正是源于他对别人的平等之心、尊敬之心。宋江在梁山成名的最后一个因素，是为众兄弟寻一条出路，为此目标，粉身碎骨，至死不渝。我们常说，人心换人心，八两换半斤。只有肯为对方考虑，对方自然也会为你着想。

通过宋江的案例，使我们想到了西方领导力（Leadership）大师麦克斯威尔（John Maxwell）博士曾指出：“真正的领导力不可能通过奖赏、指定和指派而获取。领导力只能来源于影响力。领导力的核心是你能够影响多少人，而不是你的权力有多大。”可见，只有领导者把自己与下属利益绑在一体，形成利益共同体，才能带领团队取得胜利。

领导者的影响力只有传递正能量才能促进企业发展

领导者的观念影响下属的办事作风，企业精神也同样受到领导者的影响。企业的文化是企业的软实力，更是支撑企业发展的力量源泉。我们的企业往往爱讲“以诚信为本，以客户至上”，这不是空口号，需要落在实处。

诚信就是企业的良心，企业的社会诚信度决定了企业的未来。孔子倡导的“仁者爱人、以德为先”，孟子指出的“人无恻隐之心非人也”都是宝贵的精神财富。领导者要善于学习国学文化，领悟大德大智，用正能量来带好团队。

领导者如果只考虑企业自己的利益，甚至见利忘义，把自己挣的钱建立在别人的痛苦甚至生命上，那是可悲的，损人也不利己。领导者在管理团队时，要注重正确的理念引导，同时重视制度的监管到位，这样企业才能健康、长久发展。

2008 年发生的震惊全国的三鹿毒奶粉事件就是一起特别严重的安全责任事故。经过化验检测，牛奶中加入了三聚氰胺这种化工原料，导致一些婴幼儿在服用此奶粉后患上肾结石病症。这家具有 50 年发展历史，曾经被评为农业产业化国家重点龙头企业，奶粉产销量连续 14 年居全国第一位、酸奶居全国第二位、液体奶进入全国前四名，享受“国家免检产品”“中国名牌产品”的著名品牌就这样毁于一旦。

三鹿集团的掌门人田文华在整个事件中负有重要的领导责任，因此受到了法律的严惩，处以无期徒刑。她曾经是名声显赫的女企业家，先后获得全国劳动模范、全国“三八”红旗、全国质量管理先进工作者等荣誉，拥有正高级研究员、享受国务院特殊津贴的女强人。

经权威机构评估，三鹿集团的品牌价值将近150亿元。在众多荣誉的光环下，她作为一家企业的领导者在管理方面放松了安全质量的把关，沾沾自喜，以为企业发展成规模后就万事大吉了。在她的影响下，管理层一味追求利润，没有重视一线生产安全环节的把控。由于奶业竞争加剧，在名利的诱惑之下，为了得到更大的利润，相关管理者默许供奶主添加有毒化工原料，甚至当得知牛奶中添加了有害物质而不敢面对现实，企图隐瞒真相，蒙混过关，最终还是难逃灭顶之灾。

我们常说，打铁还需自身硬。相反，一些知名的企业领导者有大局意识，在重大利益抉择上态度明确，用自身的影响力感染员工，帮助企业成长壮大。中国的海尔就是典范，海尔企业的产品不仅深入到我国的千家万户，而且将工厂建到了美国、德国等世界上最发达的欧美国家，创造了海尔的跨国家电神话。

海尔的成功离不开企业所坚守的诚信。1984年，张瑞敏受命担任了一家亏损冰箱厂的厂长，这家企业人心涣散、制度形同虚设，违纪现象随处可见。1985年，海尔从德国引进了一条世界一流的冰箱生产线。一年后，有用户反映海尔冰箱存在质量问题。海尔公司在给用户换货后，对全厂冰箱进行了检查，发现库存的76台冰箱虽然不影响冰箱的制冷功能，但外观有划痕。

张瑞敏厂长提出“有缺陷的产品就是不合格产品”的观点，他清醒地意识到“不砸这些不合理冰箱，就会砸了海尔的品牌”，毅然决定将这些冰箱当众全部砸毁，并且亲自砸下第一锤。这一锤砸掉了海尔人的旧观念，给海尔人敲响了诚信警钟。

正是张瑞敏对产品质量的高度负责精神让海尔人清醒地意识到质量就是企业的生命线，成就了今天海尔的辉煌成就，2008年、2009年全球电冰箱销售量第一位，世界上每销售2台冰箱其中有一台就是海尔冰箱，中国的海尔，已成为世界的海尔。

小结

领导者，必须要有使命感！如果对客观存在的使命缺乏足够的认识，没有使命感，那么就不会真正懂得人生的意义与价值，也不会承担起做人的责任与任务。没有使命感的领导者，是可悲的；没有使命感的人生，就是行尸走肉的人生！

只有大家彼此信任，才能够以一颗真诚的心，听取或接纳好的意见。信任就是联系人与人之间最好的纽带，信任是一切组织的灵魂。

格局有多大，事业就有多大！如果我们把人生当做一盘棋，那么人生的结局就是由这盘棋的格局决定的。想要赢得人生这盘棋，就要把握住棋局。种种棋招就如同人生中的每一次博弈，只有度量开阔、统筹全局、运筹帷幄的棋手，才能取得最终的胜利。

领导者要给员工分配任务，给他们充分的信任和授权，监督他们按预定的责任要求来做事。领导者要做好管理，而不必事必躬亲，那样不仅员工工作起来没有热情，也失去了管理者的威信。

领导者在管理下属的时候，要懂得以身示范，作出表率，这样才能得到下属的尊重，树立良好的威信。

秘密六

宇宙吸引力原理

1. 要求

有目标就是不一样

使用你的思想向宇宙要求你想要的东西，你真正想要的是什么？坐下来把它写在一张纸上。你可以这样开头：“我现在是多么快乐和感激，所以我想要……”比如：我想让自己身体健康；我想要成为一名优秀的职业经理人；我想要领导赏识我的才能；我想要……

如此简单！想要什么，就照着这种思路往下写吧。你一定要想好：你到底想要什么？自己的目标究竟怎样？

目标决定了一个人将来的前途！

军事天才拿破仑曾经说过：“一个不想当元帅的士兵不是一个好士兵。”这句话有着深刻的道理。

罗斯福总统夫人在本宁顿学院读书的时候，为了补贴生活，打算在电信业找一份工作。父亲将自己的一个好友引荐给了她——当时担任美国无线电公司董事长的萨尔洛夫将军。

将军热情地接待了她，并认真地问：“你想做什么工作？”

她回答说：“随便吧。”

将军神情严肃地对她说：“没有任何一类工作叫‘随便’。”

一会儿之后，将军目光逼人，以长辈的口吻提醒她说：“成功的道路是目标铺出来的。”

“成功的道路是目标铺出来的!”多么富有哲理的一句话!人生没有目标，就好比在黑暗中远征。在我们的一生中，要有一生的目标、一个时期的目标、一个阶段的目标、一天的目标、一周的目标、一个月的目标、一年的目标。

一位哲人说过这样一句话:“伟大的目标构成伟大的心灵，伟大的目标产生伟大的动力，伟大的目标形成伟大的人物。没有远大的目标会使人失去动力!没有具体的目标会使人失去信心!”

聪明的人，有理想、有追求、有上进心的人，一定都有一个明确的奋斗目标，他知道自己活着是为了什么。因此，他的所有努力，从整体上来说都能围绕一个比较长远的目标进行。他知道自己怎样做是正确的、有用的，否则就是做了无用功，就等于浪费了时间和生命。

1970 年，一群意气风发的天之骄子从美国哈佛大学毕业，他们的智力、学历、环境条件基本上都差不多。在临出校门前，哈佛对他们进行了一次关于人生目标的调查，结果显示:有清晰而长远的目标的人，占了 3%;有清晰但比较短期的目标的人，占了 10%;目标模糊的人，占了 60%;没有目标的人，占了 27%。

25 年后，就是 1995 年，哈佛再次对这群学生进行了跟踪调查，结果是这样的:

3% 的人，在这 25 年间始终朝着一个方向努力，几乎都成了社会各界的成功人士。其中不乏行业领袖、社会精英;

10% 的人，靠着自己的努力实现了自己的短期目标，成为各个领域中的专业人士，大都生活在社会的中上层;

60%的人，过着安稳的生活，但都没有做出什么特别成绩，几乎都生活在社会的中下层；

剩下27%的人，由于生活没有目标，过得很不如意，并且常常在抱怨他人、抱怨社会、抱怨这个“不肯给他们机会”的世界。

通过这样的对比不难发现，一个没有目标的人就像一艘没有舵的船，永远漂流不定，只会到达失望、失败和丧气的海滩，只能在人生的征途上徘徊，永远达不到理想的彼岸。

人生在世，追求的东西有很多，可是由于受到生活环境层次、社会情景层次和个人实际条件等主、客观因素的限制，往往鱼与熊掌不可兼得。可是一旦明确了追求的目标，他们的生活就会变得充实而富有诗意，可以有效排除各种消极情绪的干扰，精力充沛、生机勃勃地不断向既定目标迈进。

成功者总是少数的根本原因是什么？

卡耐基曾对世界上一万个不同种族、年龄与性别的人进行过一次关于人生目标的调查。他发现，只有3%的人能够确定目标，并知道怎样把目标落实；而另外97%的人，要么根本没有目标，要么目标不确定，要么不知道怎样去实现目标……

十年之后，对上述对象再一次进行调查，结果令人吃惊：调查样本总量的5%找不到了，95%的人还在；属于原来那97%范围内的人，除了年龄增长10岁以外，在生活、工作、个人成就上几乎没有太大的起色，还是那么普通和平庸；而与众不同的3%，却在各自的领域里取得了成功。他们十年前提出的目标，不同程度地得以实现，并正在按原定的人生目标走下去！

对一个人来说，可以没有成功，却不能没有目标。一个没有目标的人，就是大海里一艘没有方向的船，等待它的只有无边的空寂、痛苦和折磨。没有目标，世界是他的中心，他只是茫茫世界中的一粒沙；可是一旦有了目标，你就成了整个世界的中心，就成了自己的主人。

成功，总属于那些有目标的人！鲜花和荣誉从来不会降临到那些没有目标的人身上。许多人怀着羡慕、嫉妒的心情看待那些取得成功的人，总认为他们取得成功的原因是有外力相助，感叹自己的运气不好。殊不知，成功者取得成功的主要原因，就是由于确立了明确的目标并为之勤奋努力。如果你想让自己成为百万富翁，首先就要给自己确定一个目标！

目标决定成绩

一天，一位记者到建筑工地采访，分别问了三个建筑工人一个相同的问题。

他问第一个建筑工人正在干什么活，工人头也不抬地回答："我正在砌一堵墙。"

他问第二个建筑工人同样的问题，第二个建筑工人回答："我正在盖房子。"

记者又问了第三个工人，这次他得到的回答是："我在为人们建造漂亮的家园。"

记者觉得，三个建筑工人的回答很有趣，就将其写进了自己的报道。

若干年后，记者在整理过去的采访记录时，突然看到了这三个回答。三个不同的回答让他产生了强烈的欲望，想去看看这三个工人现在的生活怎么样。

等他找到这三个工人的时候，结果让他大吃一惊：当年的第一个建筑工人现在还是一个建筑工人，仍然像从前一样砌着他的墙；在施工现场，拿着图纸的设计师竟然是当年的第二个工人；至于第三个工人，记者很容易就找到了他，因为他现在已经成了一家房地产公司的老板，前两个工人正在为他工作。

在人生的竞技场上，没有确立目标是很难获得成功的。许多人并不乏信心、能力、智力，只是因为没有确立目标或没有选准目标，失去了和成功相遇的机会。

犹太人经商的时候，首先看重的就是经商目标。他们在确立目标时，会根据自己的实际和环境来设定，绝不会把自己的目标定得遥不可及。其次，确立目标后，他们绝不会半途而废，而是全力以赴。

英国的犹太人大卫·布朗的发迹过程，就是他一生确立目标的实现过程。大卫·布朗出生于1904年，父亲经营着一间小型齿轮制造厂，几十年一直惨淡经营，仅能赚取一点儿生活费。

可是，布朗的父亲还是一个头脑清醒的人，他总结了自己没有选好奋斗目标的教训，把希望寄托在儿子身上。父亲一方面严格要求布朗勤于学习和读书；另一方面每逢假日就差他到自己的齿轮厂去参加劳动，与工人们一样艰苦工作，绝无特殊照顾。

布朗在工厂里磨炼了较长的时间，养成了艰苦奋斗的精神，熟悉了工业技术的知识，形成了自己的奋斗目标。可是，布朗自己的奋斗目标并不在齿轮厂，而是利用自己在齿轮业务上积累的经验，向赛车生产这个目标奋斗。

大卫·布朗通过观察，预感到汽车大赛将会成为人们的一种流行娱乐。就这样，他克服了重重困难，成立了大卫·布朗公司，不惜重金投入，聘请了专家和技术人员搞设计，采用先进技术设备进行生产。

1948年，在比利时举办的国际汽车大赛中，布朗生产的“马丁”牌赛车一举夺魁，大卫·布朗公司因此一举成名。订单如雪片般飞来，布朗从此走上发迹之路。

一个人之所以能致富，就在于他赋予财富正确的方向。奋斗目标是一个人的动力核心，它能改变一个人的价值观、信念、决策模式和行为方式，赋予人们行动的力量！

2. 相信

我想赢，我一定能赢

你在相信拥有的时候，你的思想就会散发出一种能量，这种能量会被宇宙接收，并按你的思想回应给你。

一位年轻人在大学里上学，有一天他忽然发现，大学的教育制度有许多弊端，便马上向校长提出。结果，年轻人的意见没被采纳。于是他决定自己办一所大学，自己当校长来取消这些弊端。

办学校至少需要100万美元，上哪儿去找这么多钱？等毕业后去挣，那太遥远了。于是，年轻人每天都在寝室内冥思苦想如何能有100万美元。同学们都认为他有神经病，做梦天上掉钱来。但年轻人不以为然，坚信自己可以筹到这笔钱。

终于有一天，年轻人想到一个办法。年轻人打电话到报社，说他准备明天举行一个演讲会，题目叫《如果我有100万美元怎么办》。第二天，年轻人的演讲吸引了许多商界的人士参加。面对台下诸多成功人士，年轻人在台上全心全意、发自内心地说出了自己的构想。

演讲完毕，一个叫菲立普·亚默的商人站起来，说："小伙子，你讲得非常好。我决定给你100万美元，就照你说的办。"

就这样，年轻人用这笔钱办了亚默理工学院，也就是现在著名的伊利诺理工学院的前身。而这个年轻人就是后来备受人们爱戴的哲学家、教育家冈索勒斯。

天上不会掉馅饼，机会是要靠创造的！要相信自己，相信自己的能力，相信自己的才华且勇敢地在别人面前表达出来，你就会接近成功。

有一个年轻人，从他很小的时候起，就有一个梦想——希望自己能够成为一名出色的赛车手。他在军队服役的时候，开过卡车，熟练地掌握了驾驶技术。

退役之后，年轻人到一家农场里开车。在工作之余，他仍然一直坚持业余赛车队的技能训练。只要有机会接触到车赛，他都会想尽一切办法参加。因为得不到好的名次，所以，年轻人在赛车上的收入几乎是零，这也使得他欠下一笔数目不小的债务。

那一年，年轻人参加了威斯康星州的赛车比赛。当赛程进行到一半多的时候，他的赛车位列第三名。突然，他前面那两辆赛车发生了相撞事故。年轻人迅速转动赛车的方向盘，试图避开他们。但终究因为车速太快，未能成功。结果，他撞到了车道旁的墙壁上，赛车在燃烧中停了下来。

当年轻人被救出来时，手已经被烧伤，鼻子也不见了，体表伤面积达40%。医生给他做了七个小时的手术之后，才将他从死神的手中救回来。

经历这次事故，年轻人尽管保住了性命，可是他的手萎缩得像鸡爪一样。医生告诉他："以后，你再也不能开车了。"

可是，年轻人并没有灰心绝望。为了实现那个久远的梦想，他接受了一系列植皮手术；为了恢复手指的灵活性，每天他都不停地练习——用手指的残余部分去抓木条，有时疼得大汗淋漓，而他仍然坚持着。他始终坚信自己的能力。

在做完最后一次手术之后，年轻人回到了农场，继续练习赛车。仅仅是在九个月之后，年轻人又重返了赛场！他参加了一场公益性的赛车比赛，但没有获胜，因为他的车在中途意外地熄了火。不过，在随后的一次全程200英里的汽车比赛中，年轻人取得了第二名的成绩。

两个月之后，在上次发生事故的那个赛场上，年轻人满怀信心地驾车驶入赛场。经过一番激烈的角逐，他最终赢得了250英里比赛的冠军。

他，就是美国颇具传奇色彩的伟大赛车手——吉米·哈里波斯。当吉米第一次以冠军的姿态面对热情而疯狂的观众时，他流下了激动的眼泪。一些记者纷纷将他围住，并向他提出一个相同的问题："你在遭受那次沉重的打击之后，是什么力量使你重新振作起来的？"

吉米手中拿着一张此次比赛的招贴图片，上面是一辆赛车迎着朝阳飞驰。他没有回答，只是微笑着用黑色的水笔，在图片的背后，写上一句凝重的话——把失败写在背面，我相信自己一定能成功！

吉米·哈里波斯的坚忍、不服输，遇到挫折不灰心，不丧气的执着，永不言败的精神品格，深深地感动了每一个人。

心理学大师卡耐基，经常提醒自己的一句箴言就是："我想赢，我一定能赢！结果我又赢了。"如果想让自己获得成功，就将所有的失败写在背面吧！只要拥有一颗永不服输的心，有一种越挫越勇的意志，内心就会升起一股勇往直前的勇气。只要相信自己能赢，就一定能赢！

相信自己，也相信别人

有人说："当局者迷，旁观者清。"过度地不自信，一味地相信别人，就会将自己的命运掌握在他人手中，让他人操纵自己的未来。

有人说："只有自己才是最了解自己的人。"于是便闭目塞听，在错误的泥潭中越陷越深，无法自拔。他们要么相信自己，要么相信别人。

相信自己和相信别人虽然看起来不是不可统一的矛盾双方，但是，二者却有着统一的一面！他们就像我们的左臂和右臂，缺少任何一方都是不完美的。在竞争日益激烈的今天，我们千万不要做"独臂大侠"，只有相信自己，相信别人，才能脱颖而出。

一位顶尖级的杂技高手，一次参加了一个极具挑战的演出。这次演出的主题是在两座山之间的悬崖上架一条钢丝，而他的表演节目是从钢丝的这边走到另一边。

演出就要开始了，整座山聚满了观众，当中有记者、有主办单位、赞助商和看热闹的人群。杂技高手走到悬在山上钢丝的一头，用眼睛注视着前方的目标，伸开双臂，第一步、第二步、第三步……杂技高手终于顺利地走了过去。顿时，整座山响起了热烈的掌声和欢呼声。

“我还要表演一次，这次我要绑住我的双手走到另一边，你们相信我可以做到吗?”杂技高手对所有的人说。众所周知，走钢丝靠的是双手的平衡，而他竟然要把双手绑上。但是，因为大家都想知道结果，所以都说：“我们相信你，你是最棒的!”

很快，杂技高手就用绳子绑住了双手，然后用同样的方式一步、两步，终于又走了过去，“太棒了，太不可思议了!”所有的人都报以热烈的掌声。可是令人没想到的是，杂技高手又对所有的人说：“我再表演一次，这次我同样绑住双手，然后把眼睛蒙上，你们相信我可以走过去吗?”所有的人都说：“我们相信你！你是最棒的！你一定可以做到的!”

杂技高手从身上拿出一块黑布蒙住了眼睛，用脚慢慢地摸索到钢丝。然后，一步一步地往前走，所有的人都屏住呼吸为他捏了一把汗。终于，他走过去了！掌声雷动！“你真棒！你是最棒的！你是世界第一!”

可是，表演似乎还没有结束。杂技高手从人群中找到一个孩子，然后对所有的人说：“这是我儿子，我要把他放到我的肩膀上，绑住双手蒙住眼睛走到钢丝的另一边，你们相信我吗?”所有的人都说：“我们相信你！你是最棒的！你一定可以走过去的!”

“真的相信我吗?”杂技高手问道。

观众的热浪一阵高过一阵："相信你！真的相信你！"

"我再问一次，你们真的相信我吗？"

所有的人都大声回答："相信！绝对相信你！你是最棒的！"

"好，既然你们都相信我，那我把我的儿子放下来，换上你们的孩子，有愿意的吗？"杂技高手说。

这时，人们立刻安静下来，没有人敢说相信了。

现实工作中，许多人都会说：我相信自己，我是最棒的！当我们在喊这些口号时，我们是否真的相信自己？我们会不会一出门后就忘掉刚才所喊的这句话？

只有自己真的相信，才能让别人相信你！

只有自己感动了，才能感动别人！

只有相信自己，才会从中找到感觉，才会有行动的欲望，才会有经验，才会出业绩，才能找到更好的感觉、更积极的行动……这是一个良性循环。

在人生这片茫茫大海上，任何一个人都陷入过迷雾中，都遇到过激流礁石，都有过逆风而行，但是，只有"成竹在胸"时相信自己，"迷惘怅然"时相信别人，才能当好生命的舵手，才能冲破所有的艰难险阻，扬飞风帆，最终到达成功的彼岸！

3. 接受

1%的坏心情会导致100%的失败

生活中，有些人喜欢发脾气，有些人会因为发脾气，而把事情搞得一团糟。为什么会这样？不是因为这个人的能力不够，更不是因为这个人缺乏沟通，而是因为这个人心情不好；正是因为1%的坏心情，才直接导致了最后100%的失败。

或许你可能不信这个结论，也或许你认为这么说有点夸张。其实不然！一个人的心情和一个人所做的事情有着紧密的联系：心情好，事情也相对能完成的好，完成的质量较好；相反，心绪不稳，总是左顾右盼，根本就不把心思放在工作上，怎么能把事情做好？

美国石油大王洛克菲勒就是一个能正确对待自己坏心情的人，而他的对手恰恰是因为不能控制这1%的坏心情而导致了最后的失败。

在一次案件的受审过程中，洛克菲勒一直保持着冷静的状态，虽然对方的律师询问粗暴，但他一直都保持着平和甚至是不动声色的态度。也正是这种不动声色的态度让他赢得了这个艰难的官司，并一举挫败了对手的阴谋。

在法庭询问中，对手的律师明显怀有恶意，甚至还带有羞辱的意味。可以想象，当时洛克菲勒的心情有多么的糟糕，如果这个时候他也发怒，必将掉入对方的陷阱之中。可是洛克菲勒很聪明，他明白控制情绪对自己有多么重要！

对方律师粗暴地对他说："洛克菲勒先生，我要你把某日我写给你的那封信拿出来。"洛克菲勒知道，这封信里面有很多关于美孚石油公司的事情，而这个律师根本就没有资格来问这件事情。

"洛克菲勒先生，这封信是你接收的吗？"法官开始发问。

"我想是的，法官先生。"

“那么，你回复那封信了吗?”

“我想没有。”

这时，法官又拿出许多其他信件，当场宣读。

“洛克菲勒先生，你能确定这些信都是你接收的吗?”

“我想是的，法官。”

“那你有没有回复那些信件呢?”

“我想我没有，法官。”

“你为何不回那些信呢，你认识我，不是吗?”对方律师开始插嘴。

“是的，当然，我想我从前是认识你的。”

这时候，对方律师的心情已经坏到了极点，甚至有点开始暴跳如雷了。而洛克菲勒却还是坐在那里丝毫不动，似乎眼前的事情根本就没有发生过。全庭寂静无声，除了对方律师的咆哮声。

最后，对方律师因为情绪激动，把真相说漏了嘴，而被法官当场听到，结果可想而知。这样，洛克菲勒不仅赢得了官司，还在美国人心中留下了一个优雅的形象。

在这里，我们不是说对方律师技术有多么的不好，证据有多么的不充分，他们仅仅是输在情绪上。一个律师最重要的是要处变不惊，沉着应对各种问题，即便出现了自己不可控制的局面，也不能一时情急而把重要的事实泄露了，这样不仅会给委托人带来重要的损失，也会让自己的声誉受损。

试想，如果对方的律师也能像洛克菲勒一样冷静而客观的应对这些问题，那么他手上所掌握的资料绝对能够使他占据有利地位。可是，对方律师却不能很好地控制自己的情绪，任这种情绪发展下去，结果不仅害了别人，也害了自己。

当然，任何一个人都不可能像木头一样，没有情绪，没有思想。不管发生了什么事情，不可能永远都不发怒。可是当你真正发怒的时候，你有没有想过，这样做的后果是什么？这样做，会不会损害你的利益？会不会动摇你在别人心目中的地位？

如果你能真正地意识到这一点，真正地明白发怒只能把事情搞砸，而绝对不能把事情完美解决的话，定然会好好地约束自己的情感，好好地控制自己的情绪，轻而易举地打败对方。

在这里，要想控制自己的坏情绪，并不是说要压制一个人的情感，更不是说一个人一辈子都不能有坏情绪，而是要将这种情绪合理化，要将这种情绪正确的释放，做一些对自己有利的事情。比如，可以将这种坏情绪发泄在自己的工作上，直到自己累得筋疲力尽。到时候，即便你心中有再大的火气，都不会再去理会了。

反过来想一想，即使心中有很大的火气，那也说明你是一个非常正常的人。人生正是因为有了这些，生活才会如此多姿多彩；也正是因为有了这些不如意，我们的生活才会充实，才会感觉到生活的真实，才会清晰地看到这个世界。如果感觉迟钝，甚至根本就没有情绪可言，不是自我否定，就是傻子，根本就没有什么用处。经验告诉我们：不要因为别人发怒，你就心情不好，情绪不稳定；相反，这时候正是你心平气和的时候。

有人曾经说过：“如果某人情绪不稳，甚至怒不可遏，我总觉得对于我自己来说不但没有坏处，更会对我的地位产生帮助。”一个人心情不好，情绪波动是很正常的，也是很必要的，但关键就要看你有没有看好时机，有没有在恰当的场合以一种恰当的方式表现出来，如果表现得当，会成为一种具有很高价值的动力；反之，则是一股破坏力极大的力量！

管理情绪，别让情绪的癌细胞扩散

法国名将拿破仑曾经统兵数百万，所到之处战无不胜、攻无不克；但是他说：我就是胜不过我的脾气！

是的，很多人都“胜不过自己的脾气”！在遇到感情挫折、情绪困扰时，不是想不开、钻牛角尖，就是怒火中烧，逼自己走上极端。可是，人必须懂得EQ中最重要的“情绪忍受力”，也要知道：“脾气来了，福气就没了！”我们不能让自己处于气愤不已的状态，要让情绪换跑道，绝不能使情绪的癌细胞扩散！

遇到冲突、生气时，一定要先处理心情，再处理事情，凡事多思维，千万不要轻易发怒；而且，说话的时候，不要急着说，不要抢着说，而是要想着说！毕竟，人活着，不是要斗气，而是要斗志！人活着，不是要比气盛，而是要比气长！人活着，不是要争一时，而是要争千秋！

想一想，“我”这个字是哪两个字的组合？是“手”和“戈”对不对？老祖先造字真有创意，手拿着刀剑、干戈和武器，竟然是变成“我”。所以，人常常是很自私、很防卫的，谁冒犯我，惹我、欺负我，我就拿武器和他拼命、干架。

可是，这样值得吗？

我们必须学习转念，少点怨，多点包容，多洒香水、少吐苦水，让负面的思绪远离，用乐观的正面思绪来迎接生活！

山，不需要依靠山，但是，人需要依靠人！要珍惜每次相遇、相处的机会，在肯定自己、欣赏自己时，也要看到别人的优点、长处，看到别人正需要我们的鼓励、关怀、赞美与重视！

要想成功，就要控制自己的情绪

俗语说得好：“一颗老鼠屎坏了一锅汤！”这句话在职场中同样适用！

个别表现消极的员工会对整体工作产生严重的负面影响。你肯定碰到过类似的情况：身边总会有几个一天到晚怨天尤人的同事，无论是在每周员工例会上，还是在餐厅排队时，他们始终在抱怨。仅需几句泄气话，就能让一个热闹的头脑风暴会议前功尽弃；他们的坏心情很快便会传播开来，消极态度甚至能抵消好消息。

众所周知，细菌、病毒等具有一定的传染性，殊不知消极情绪也可传染。有人将这种消极情绪的传染称为“情绪污染”。

美国有位科学家发现，原本心情舒畅、性格开朗的人，如果整天与一个心情沮丧、愁眉苦脸、唉声叹气的人在一起，也会很快变得抑郁。而且，一个人的同情心及敏感性越强，越容易受不良情绪的传染。

消极情绪的传染是在不知不觉中进行的，而且传染的速度相当快。一个人如果和亲近的人待在一起，而对方情绪低落，那么不到半小时他的情绪就会受到对方的传染。

美国密歇根大学心理学家南迪·内森的一项研究发现，一般人的一生平均有3/10的时间处于情绪不佳的状态，因此，人们常常需要与那些消极的情绪作斗争。

情绪变化往往会在我们的一些神经生理活动中表现出来。比如，当你听到自己失去了一次本该到手的晋升机会时，你的大脑神经就会立刻刺激身体产生大量起兴奋作用的“正肾上腺素”，其结果是你怒气冲冲，坐卧不安，随时准备找人评评理，或者“讨个说法”。情绪控制，对人生有非常大的帮助。一个人真的想有所成就的话，就要有情绪调控的能力。

成功者控制自己的情绪，失败者被自己的情绪所控制。所谓成功的人，就是心理障碍突破最多的人，因为每个人或多或少都会有各式各样、大大小小的心理障碍。

世界上从来没有过完美的公司，也没有过完美的个人，关键是把人的注意力放在哪里。是去注意优点，还是注意缺点。把注意力放在问题的不同方面，常常会得出不同的结果，对人产生不同的情绪。

在消极思维者眼中，玻璃杯永远不是半满的，而是半空的。他们预期会得到人生中最糟糕的结果，而且事实也确实如此。看问题的积极方面，可以产生乐观的情绪；看问题的消极方面，就会产生悲观的情绪。但相当多的人会不由自主地选择悲观，因此必须学会控制自己的注意力，调控自己的情绪。

4. 感恩

人要懂得感恩

感恩是人类内心中最深沉、最能快速激发出正面情绪的一股源源不绝的能量！当你心中充满感谢的时候，你就会感觉心里暖暖的，有种幸福快乐的感觉。当你有了幸福快乐的感觉，你的情绪就达到了一种能量状态。要想实现自己的目标，就要懂得感恩！

帮助汉高祖打天下的大将韩信，在未得志时，境况非常困苦。那时候，他经常会到城下钓鱼，希望碰着好运气，解决生活问题。但是，这究竟不是可靠的办法，因此，时常要饿着肚子。幸亏在钓鱼的地方，有很多清洗旧衣布的老婆婆在河边做工。一个老婆婆很同情韩信的遭遇，不断地救济他，给他饭吃。

韩信在艰难困苦中，得到这位老婆婆的恩惠，很是感激，便对她说："将来必定要重重地报答！"老婆婆听了韩信的话，不高兴："我这样做，并不是想让你将来报答我。"

后来，韩信替汉王立了不少功劳，被封为楚王。他想起从前曾受过老婆婆的恩惠，不仅命随从送酒菜给她吃，还送给她一千两黄金来答谢她。

这就是成语"一饭千金"的来历。它的意思是说：受人的恩惠，切莫忘记，虽然所受的恩惠很是微小，但在困难时，即使一点点帮助也是很可贵的；到我们有能力时，应该重重地报答施惠的人。

古人云：滴水之恩，必当涌泉相报。每个人都有着不同色彩的人生，可是无论你的事业成功与否，在世界上必定有你感恩的人。透彻体味它，你的心灵就会纯洁，你的人格就会伟岸，你的情感就会升华，你的人生就会灿烂。

一个生活贫困的男孩为了积攒学费，挨家挨户地推销商品。傍晚时，他感到非常疲惫，饥饿难挨，可是他的推销却进行得很不顺利。男孩敲开一扇门，希望主人能给他一杯水。开门的是一位美丽的年轻女子，她给了他一杯浓浓的热牛奶，男孩感激万分。

许多年后，男孩成了一位著名的外科大夫。一天，一个妇女得了重病，因为病情严重，当地的大夫都束手无策，转到了那位著名的外科大夫所在的医院。

外科大夫为这名妇女做完手术后，惊喜地发现那位妇女正是多年前，在他饥寒交迫时，热情地给过他帮助的年轻女子，当年正是那杯热奶使他又鼓足了信心。

结果，当那位妇女正在为昂贵的手术费发愁时，却在她的手术费单上看到一行字：手术费＝一杯牛奶。

感恩，是一种美德，是一种境界。
感恩，是值得你用一生去等待的一次宝贵机遇。
感恩，是值得你用一生去完成的一次世纪壮举。
感恩，让生活充满阳光，让世界充满温馨。
……

感恩对手

在很久以前，挪威人从深海里捕捞的沙丁鱼，还没等运回海岸，便都口吐白沫，奄奄一息了。渔民们想了很多办法，但都失败了。然而，有条渔船却总能带回活鱼上岸，所以船主卖出的价钱也要比别人高出几倍。后来，人们才发现了其中的奥秘。

原来，这个船主在沙丁鱼槽里放进了鲇鱼。鲇鱼是沙丁鱼的天敌，当鱼槽里同时放有沙丁鱼和鲇鱼时，鲇鱼出于天性会不断地追逐沙丁鱼。在鲇鱼的追逐下，沙丁鱼拼命游动，激发了内部的活力，于是就活了下来。

对手是自己的压力，也是自己的动力；而且往往对手给自己的压力越大，由此而激发出的动力就越强。对手之间，是一种对立，也是一种统一；相互排斥又相互依存，相互压制又相互刺激。尤其是在竞技场上，没有了对手，也就没有了活力。

人的价值，是靠对手来证明的，所以我们要感恩对手。在人生道路上，我们不能缺少对手。一个访谈节目采访奥运冠军刘翔，当主持人问他取得好成绩的奥秘时，他说："我把以前的奥运冠军当作我的对手，把他们当作我追赶的目标。我不断地告诉自己要赶上他们，要超过他们。"

是的，正是因为有了约翰逊等超级对手的存在，正是因为有了这种重视对手、追赶对手的精神的存在，才使得刘翔的人生与众不同，体现出了别样的精彩。

感恩对手，是因为他的存在让我们看到了自己奋斗的目标。拿破仑曾经说过："一匹马如果没有另一匹马紧紧追赶并要超过它，就永远不会疾驰飞奔。"的确，别人跟得快，你才会跑得更快。

其实，我们也是在与对手的交往中逐步成长起来的！没有对手的相伴，我们就会缺少危机意识；没有对手的拼搏，我们是很难激发旺盛的斗志的；没有对手的提醒，我们就会丧失进取之心。

感恩对手，是他的存在让我们的人生拒绝了平庸！奋斗途中，不要抱怨你的对手；成功来临时，不要忘记感谢你的对手。因为对手不是敌人，而是你人生路上最好的朋友。尊重对手，就是尊重自身的价值；感恩对手，就是感恩生命，感恩生活。

感恩挫折

很久以前，听说过一个简单但意义深刻的故事：

有两个人推着车子去卖瓦缸，一不小心车子翻到沟里去了。一人沮丧地说："完了，完了，摔碎这么多缸，这可怎么办？"另一人却说："谢天谢地，还有那么多的缸没有摔碎。"

这是一个多么简单的故事，三岁小孩听一遍就能讲了。可是，它却深刻地给我们揭示了对待挫折的两种态度。在现实生活中，有的人说自己的命运如何不好，总是抱怨生活的不公平；有的人则以一种乐观的态度对待挫折，把挫折看作展示自己的宝贵机遇。

正因为生活中有了挫折，我们才拥有一次奋斗的机遇；遇到挫折，不要怪上天亏待了我们，这恰恰是上天一种慷慨的馈赠。所以，当我们孤独的时候，说一声"谢谢"，因为寂寞会让我们更加珍惜朋友的忠实与诚笃；当我们穷困的时候，说一声"谢谢"，因为清贫会给你憧憬和奋斗的勇气，所以要记住英国哲学家培根的话："超越自然的奇迹多是在对逆境的征服中出现的。"

爱迪生入学三个月就被当作低能儿逐出校门，但他并没有自暴自弃，经过长期艰苦的奋斗，最终成为举世闻名的发明家。他们所受的挫折不算小，但是他们却能用自己的不懈努力，战胜挫折，终成大业。

挫折能激发一个人的斗志，焕发人的动力，勇敢地与挫折抗争，去努力，去奋斗，去实现人生远大的理想。假如没有那些挫折，也许世界上就会少了一位伟大的发明家、科学家！大量事实告诫我们，挫折是经验的积累，我们应该感谢挫折对我们意志的磨炼；一个人的成功与否和他面对挫折的态度有关，更与他所采取的行动有关。

物竞天择，优胜劣汰！生活不可能按照我们的主观意志去发展。既然挫折是不可避免的，快乐与不快乐，日子照样一天天过，应该用乐观的态度去直面挫折。

正视挫折是痛苦的，它会摧毁我们的自信，削弱我们的锐气。我们要在失败中寻找现实与成功的差距，只有尖锐地剖析我们最脆弱的弱点，才会让我们对人生、对困难有更深刻的认识。

在某种程度上，我们要感谢挫折。如果你在生活的某个地方失去了什么，只要你善于总结自身的不足和教训，并深刻地剖析自己，生活定会给你同等的回报。

请放下心头沉重的包袱，无论处境如何艰难，我们都没有任何理由自暴自弃！因为我们还拥有生命。既然拥有生命，就要勇敢地感谢挫折，这样我们的人生才会亮丽多彩！

5. 落地

把目标视觉化

在实现成功的道路上，如何运用潜意识的力量呢？最简单的方法，就是要将目标视觉化。想象自己生活在理想的生活状态中，想象自己拥有理想的爱情、健康、车子和房子……

视觉化是实现目标的关键！你所要做的就是，把目标当做已经实现进行视觉化，想象它们已经存在。只有通过“现在时”的不断强化，不断输送想象画面，才能不断激活你的潜意识。

只有视觉化的东西，才会产生足够强大的冲击力！将目标视觉化，不断想象这个目标已经存在，让其印在你的潜意识里。你仿佛看到一个画卷，画卷里有你梦寐以求的爱情、工作和房子。这些美好的场景，会触动你的神经，激发你在现实生活中更为积极地奔跑。

1990年，金·凯瑞还是一个不知名的喜剧小演员。有一天，他穿过一片别墅区，来到郊外的山坡上。他坐在一块大石头上，俯视着山脚下这座繁华的城市，想象着自己的未来——成为大明星，多么风光！

他心血来潮，掏出支票本，给自己开了一张1000万美元的支票，兑现时间是1995年的感恩节；然后，在备注栏里写了这样一句话："为了奖励你在电影演艺事业上的成就。"从这一天开始，金·凯瑞就变成了工作狂，陆续拍出了《神探飞机头》《变相怪杰》等电影，每部电影的片酬都大大超出了他原来的想象。

视觉化的冲击力会让你以饱满的热情去追求自己的目标，经常想象自己已经生活在这种目标状态下，比如，感受做了CEO后的成就感，领略成为老板后的那种指点江山的豪情……时不时做做这样的白日梦，会让你的步伐始终处于亢奋的精神状态中。

人的潜意识分辨不出现实和想象的区别，把自己想象成什么，你就有可能成为什么。你必须先将自己想要实现的目标写在纸上，或者将你想要实现的梦想画出来，或者找图片贴在一个你容易看到的地方。

将梦想板贴上去之后，经常看着它，或者制作成小卡片随身携带，有事没事就看着它。时间长了，梦想就会刺激你的潜意识，根深蒂固地输入其中；一旦潜意识记住了这个目标，它就会引导你的行为去积极配合目标，并将它实现。

你可以在办公桌前、墙上、家中、卧房贴上想要告诉自己的话，或者目标，或者照片……当你把事情视觉化时，大脑就会不停地工作，去完成它所接收的信息。长时间积累之后，不止你的思想会改变，还会慢慢发生很多奇迹。只要你能想得到，你就能得到，心想事必成！

把目标写下来，让目标看得见

在著名演讲家乔·吉拉德的办公室墙上贴着这样一句话："生活的秘诀在于知道自己想要什么，把它写下来，然后付诸行动。"吉拉德不仅把这句话贴在办公室墙上，为了激励自己，还贴在了汽车的遮阳板上。

为了实现自己的梦想，很多人都会阅读一些书籍，很多书里都会教你要有梦想，可是却很少有书会告诉你"白纸黑字"的力量。记住，当白纸黑字写下来的时候，你的潜意识就会被启动，你就会采取行动，实践你的计划，用视觉的力量来影响你的头脑思想。

当你开始使用这个方法的时候，在你身上就会出现非常大的转变。以前，你设定的目标之所以没有实现，就是因为当你有了梦想和目标的时候，在头脑里面只想了一下，没多久就忘记了。

当你把目标写下来的时候，实现这个目标的愿望就会变得更强烈。然后，你可以把这张纸贴在镜子上面、书桌前面、梳妆台前面、床头柜前面，甚至贴在浴室里。当你每次看到目标的时候，你就拿出一个行动来实现这个目标，体会视觉化带来的力量。

要把自己渴望的一切，包括：房子、车子、收入、要去的国家……一切美好的事物，在脑海中不断"看得见"。不管你的目标是什么，都要把它写下来。不管你是写在笔记本上，还是写在一张纸上。

你可以把家里或办公室的墙变成你的“梦想墙”或“能量墙”，将你所有的梦想都变成具体的图片贴上去。如果你渴望成为一个成功的企业家，就把所有成功企业家的照片贴在办公室墙上；当你失意时，看着郭台铭、成龙、乔丹、比尔·盖茨……就会找到成功的能量。

不论是办公室、家里的墙面、天花板上、书桌、衣橱、手机待机屏幕、浴室镜子、计算机桌面、笔记本、皮夹、电视机上，还是车上、名片上、T恤上……要尽一切所能让你的目标无所不在！

可视化暗示的做法，可以让你的梦想随处可见，一旦形成，就会不断扩大你的胸怀，提升你的勇气，增强你的信念，强化你的自信和行动力。目标的实现也就指日可待！

不要因忙碌失去了梦想

人生在世十有八九不如意，也许我们每一个人都不能决定自己的命运，大多出生在一个很普通的家庭，成为平凡的人，一切幸福都得靠自己去努力奋斗。但我们并不能因此失去梦想！梦想是人生最宝贵的部分，更是我们奋斗的目标和希望，没有了梦想也就失去了存在的价值和意义。

在我们年幼的时候，每个人都会有一个美好的憧憬，这就是梦想的萌芽，伴随着我们的成长而不断变化；但不会变的是，梦想一直都是我们生活学习的动力。如果我们连梦想也没有了，不为梦想去努力拼搏，人生必定充满悲剧色彩。

一天，时间管理专家为一群商学院的学生讲课。他做了个现场演示，站在那些高智商高学历的学生前面，他说："我们来做个小试验。"

专家拿出一个一加仑的广口瓶放在他面前的桌上。随后，取出一堆拳头大小的石块，仔细地一块一块放进玻璃瓶，直到石块高出瓶口，再也放不下了。他问："瓶子满了吗？"

所有学生回答说"满了！"时间管理专家反问："真的？"他伸手从桌下拿出一桶砾石，倒了一些进去，并敲击玻璃瓶壁使砾石填满石块的间隙。

"现在瓶子满了吗？"他第二次问道。这一次学生有些明白了："可能还没有。"一位学生应道。

"很好！"专家说。他伸手从桌下拿出一桶沙子，慢慢倒进玻璃瓶。沙子填满了石块和砾石的所有间隙。他又一次问学生："瓶子满了吗？""没满！"学生们大声说。

他再一次说："很好！"然后，他拿过一壶水倒进玻璃瓶直到水面与瓶口平。他抬头看着学生，问道："这个例子说明什么？"一个心急的学生举手发言："无论你的时间表多么紧凑，如果你确实努力，你可以做更多的事情！"

"不！"时间管理专家说，"这个例子告诉我们：如果你不先放大石块，那你就再也不能把它放进瓶子了。什么是你生命中的大石头呢？与你爱的人共度时光，你的信仰、教育、梦想？切记，要先去处理这些大石块，否则，一辈子你都不能做！"

当你读了这篇短文的时候，可曾试着问自己这个问题：我今生的"大石头"是什么？

时间管理是一门科学，值得我们终身去学习、去感悟。每天我们都要面对最重要的事、最不重要的事、最紧急的事、最不紧急的事，而我们往往把最重要的放在了最后，总是去做一些最紧急的事，例如，一个突如其来的电话打乱了原先的计划等。

只有真正体验了这样一系列问题：知道我们要的是什么？想要达到的是什么目标？自己是一个怎样的人？需要怎样去做……才会真正做到“不因忙碌而失去梦想”，才会真正做最好的自己。

6. 思考

思考有多远，路就有多远

思考力，具有不可估量的潜能！如果你还没有注意过它，还没有重视过它，就要从现在开始挖掘它、运用它……通过思考来挖掘自身的潜能，通过思考来强大内心的力量，通过思考来完善潜在的不足，通过思考来弥补曾经的过失……

每个人都渴望致富，每个人都渴望成功，然而，究竟怎样才能让财富迅速提升，怎样才能让人生辉煌绽放？拥有思考力！因为只有这样的人，才会拥有无穷的智慧，拥有无尽的希望，拥有无边的舞台，拥有无限的能量！

一天晚上，英国著名的物理学家卢瑟福走进实验室，看到一位学生仍坐在实验桌前，便问道：“这么晚了，你还在做什么？”

学生答道：“我在工作。”

“那你白天在干什么呢？”

“也在工作。”

“你早上也在工作吗?”

“是的，教授，早上我也在工作。”

于是，卢瑟福提出了一个问题：“那么，你什么时候思考呢?”学生看了看他，无言以对。

其实，在我们的周围不乏刻苦认真的人，但他们的成绩就是提高不上去；也有许多人，他们工作非常勤奋，但也没什么太大的成就；许多人做事非常努力，就是赚钱不多……虽然有各种各样的原因，但缺乏正确的思考方式无疑是其中非常关键的一个原因。

不难发现，本来在同一学校旗鼓相当的同学，若干年后，有的功成名就，有的落魄潦倒；同在一个单位上班的同事，有的得心应手、游刃有余，有的却举步维艰、处处碰壁……大家年龄相似、经历相仿、所处的环境也并无太大区别，为何会出现如此大的差别呢？不可否认，思考力乃是其中的关键因素。

思考是一种享受，我思考所以我快乐。吃得再好也是量变，不是质变，人并不会因为吃得好就能够产生真正的幸福感。幸福感只能由大脑和心脏取得，很多人一辈子辛辛苦苦只为了满足自己的一张嘴，却从来没有想到过满足自己最重要的两个器官：大脑和心脏。我们要为自己的心脏（心态与性格）和大脑（思想与智慧）活着。

人的一生就是一个从知到不知，再从不知到知的过程，也就是一个学习与思考的过程。思考是灵魂与自己的论辩性谈话，思想、精神才是人的真正财富。物质、金钱只是暂时存放在你的名下，总有一天你要还给别人，还给社会。培育你的思想吧！即使你不是一个思想家，也要有自己的思想，思想才是你快乐的源泉。

换一种模式思考

很多时候，如果能够换一种思考模式，不被无谓的传统、习惯所羁绊，往往会得到出人意料的惊喜。

有这样一则寓言故事：

有个老人带着一座古车，上头绑了个名为“高尔丁死结”的奇怪绳结。据说，只要打开了它，就可以成为世界之王。可是，所有来尝试的人都没有办法解开这个错综复杂的死结。

最后，轮到亚历山大，他绞尽脑汁，但依旧一筹莫展，最后，他低头沉思了一会儿，随后便面带微笑地抬起头来。

众人问他：“您想到办法了吗？”他点点头，之后便以迅雷不及掩耳的速度从腰间抽出配剑，“锵”的一声，把古车上绑的那副死结斩断！

众人惊讶地张大了嘴巴，亚历山大轻松地说：“它只规定要人打开它，却没规定方法啊！只是过去千百年来，人们都只想到用手去解它而已。”

几年之后，亚历山大果然成为人类历史上第一个建立横跨亚非王国的君王。

在日常生活中，有很多令我们伤透脑筋的死结，有很多令我们无计可施的事、物。如果沿着过去前人们的方式去思考，会感到仿佛陷入了死胡同；可是如果跳脱旧有、无谓的传统与思维，跳出原先思考的框框，说不定就会“柳暗花明又一村”！

有人曾经问过爱因斯坦这样一个问题："如果你的生命还剩下一小时，你打算如何度过?"他是这样回答的："我会用前55分钟分析你提出的问题，然后用最后5分钟思考我的答案。"

虽然说这个问题有些极端，但是由此我们可以看到：在死亡即将来临的最后一刻，爱因斯坦并没有惊慌失措，没有自暴自弃，而是坚持用理性分析问题，用最后的时间来思考答案。

如果你想改变自己的人生，也要学会思考，认清自己。同样，在解决问题时也是如此。解决问题时，首先要了解这件事情的相关知识，以及事情的本质，然后有针对性地想出解决问题的方法。想要成为这样的人，就要不断地向自己发问。

面对问题时，研究问题，然后坚持不懈地寻求解决问题方案的人，永远不会在同一个地方跌倒两次。遇到困难，冷静下来，理智地进行分析，就会比别人更早地找到解决问题的最佳方案。遇到难关，先要仔细分析，然后寻找解决问题的方案，这样才能渡过难关，才是面对难关时最明智的做法。

小结

聪明的人，有理想、有追求、有上进心的人，一定都有一个明确的奋斗目标，他知道自己活着是为了什么。因此，他的所有努力，从整体上来说都能围绕一个比较长远的目标进行。

如果想要获得成功，就将所有的失败写在背面吧！只要拥有一颗永不服输的心，有一种越挫越勇的意志，内心就会升起一股勇往直前的勇气。只要相信自己能赢，就一定能赢！

一个人心情不好，情绪波动是很正常的，但关键就要看你有没有看好时机，有没有在恰当的场合以一种恰当的方式表现出来，如果表现得当，会成为一种具有很高价值的动力；反之，则是一股破坏力极大的力量！

当你有了幸福快乐的感觉，你的情绪就已经达到了一种能量状态。要想实现自己的目标，就要懂得感恩！

视觉化是实现目标的关键！你所要做的就是，想象目标已经存在。只有通过“现在时”不断强化和输送想象画面，才能不断激活你的潜意识。

物质、金钱只是暂时存放在你的名下，总有一天你要还给别人，还给社会。培育你的思想吧！即使你不是一个思想家，也要有自己的思想，思想才是你快乐的源泉。